U0305421

神奇动物在哪里

飞鸟的传说

〔挪威〕莉娜·伦斯勒布拉滕 绘著

余韬洁 译

人民文学出版社
PEOPLE'S LITERATURE PUBLISHING HOUSE

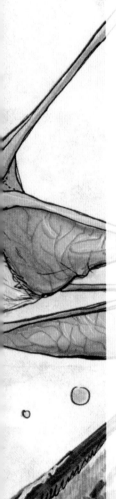

著作权合同登记号 图字01-2020-1695

Author: Line Renslebråten
FUGLER: FAKTA OG FORTELLINGER FRA HELE VERDEN

图书在版编目（CIP）数据

飞鸟的传说 / (挪威) 莉娜·伦斯勒布拉滕绘著；
余韬洁译. -- 北京：人民文学出版社, 2022
（神奇动物在哪里）
ISBN 978-7-02-016820-0

Ⅰ.①飞… Ⅱ.①莉… ②余… Ⅲ.①鸟类—儿童读
物 Ⅳ.①Q959.7-49

中国版本图书馆CIP数据核字(2022)第032459号

责任编辑　卜艳冰　杨　芹
封面设计　李　佳

出版发行　人民文学出版社
社　　址　北京市朝内大街166号
邮政编码　100705

印　　制　上海盛通时代印刷有限公司
经　　销　全国新华书店等

字　　数　95千字
开　　本　889毫米×1194毫米　1/16
印　　张　6.25
版　　次　2022年2月北京第1版
印　　次　2022年2月第1次印刷

书　　号　978-7-02-016820-0
定　　价　75.00元

如有印装质量问题,请与本社图书销售中心调换。电话：010—65233595

目 录

作者的话

　　鸟类对我们人类来说一向意义重大。在我们的星球上它们无处不在，让我们非常着迷，也许这正是因为鸟儿们拥有我们这些无翼动物一直没有却始终向往的特质，也就是飞翔！

　　同时我们也因为鸟儿们在羽毛、颜色、大小和鸣叫等方面，拥有令人难以置信的多样化而一直惊叹不已。无论我们身在世界何处，我们几乎都会在大自然中听到它们的声音，那鸣叫声就像它们自身那样多种多样。

　　世界各国文化中都有关于这些奇特生灵的寓言、传说和童话。这些故事是我们人类文化遗产的一部分，与纯粹的知识性内容不同，这些故事给了我们关于各种鸟类的另一类信息。在这本书中，我会告诉你有关鸟儿们那些既有趣又有基础科学的知识，也会告诉你世界各地有关它们的传说、故事和童话。希望你能在欣赏这些图画之外，还能通过所有这些知识，对动物王国中的这些生灵更了解，也许还能由此而受到启发去查阅有关这些飞行家的更多知识。

　　作为地球生态系统的一部分，鸟类的贡献良多，它们既产蛋又产羽，还传播种子，并能抑制昆虫及其幼虫数量的增长。此外，鸟类还可以是大型动物和我们人类的食物。

　　在本书末尾，还有关于我所讲的这些故事的文体特征的简要说明。

　　敬请欣赏！

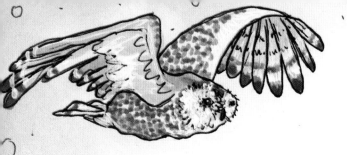

雪鸮(xiāo)

雪鸮分布于地球的北极地区，其中包括芬兰、瑞典和挪威北部。雄鸟的羽毛是纯白色的，或是白色带一些黑色斑点。雌鸟的羽毛是白色带深棕色斑点，这给了雌鸟很好的伪装。雪鸮的体长是五十厘米至六十五厘米之间，体重介于一千八百克到二千五百克不等。雪鸮的喙是黑色而弯曲的，几乎完全被羽毛覆盖。

雪鸮主要生活在高山上，吃的大多是小型啮齿动物，尤其是旅鼠。雪鸮的视觉出奇锐利，一千米之外的老鼠都能看到！雪鸮不筑巢，但会在地上挖一个小坑来产卵。雪鸮通常是很安静的，但是当它们要标记领地时，会发出短促而类似呻吟的叫声，"呼——呼——"，好几千米之外的人都能听到。它们也可以通过发出类似犬吠的"汪汪"声，或是尖锐的哨音来警示危险。雌鸟通常一年会产三至十一枚卵，旅鼠数量多的年份里产的卵也多。

和其他种类的鸮不同，雪鸮主要在白天活动。

也许你已经在"哈利·波特"系列小说里，认识了雪鸮海德薇[*]吧？

---

* 哈利·波特的宠物，英文名Hedwig。

2

渡鸦和雪鸮
（因纽特人传说）

　　一天，雪鸮和渡鸦约定要给对方做身新衣裳。渡鸦先完工，给雪鸮做了件漂亮的衣裳——白得发亮，带着黑点。雪鸮非常开心，立马就穿上了。然后就轮到雪鸮了，它决定给渡鸦做一件同样白得发亮的衣裳。为了尽善尽美，雪鸮想请渡鸦在完工前试穿一下。渡鸦同意了。

　　一穿上衣裳，渡鸦就美得心花怒放。这件衣裳太漂亮了，它开心得跳来跳去。可是雪鸮要崩溃了，因为它还没完工呢。最后雪鸮气得不行，朝渡鸦扔了一瓶黑色灯油。

　　灯油把整件白衣裳染黑了，从那以后渡鸦就是黑色的，而雪鸮是白色的。

白鹳

　　白鹳分布于非洲、欧洲的部分地区（主要是波兰和土耳其）以及亚洲等地。

　　白鹳体长约一米，橙色的喙长而有力，一身白色羽衣拖着黑色的尾巴。白鹳吃青蛙、蟾蜍和昆虫等小动物。白鹳在有沼泽和湿地的开阔田间筑巢孵卵。白鹳筑的巢非常大，可以达到两米宽、三米深。白鹳通常会重复使用它们的鸟巢。就像对它们的巢一样，白鹳通常也对伴侣不离不弃。但如果它们飞到一个新的地方，就可能会和新的伴侣建筑新的巢。有时白鹳还会在屋顶的烟囱上筑巢。白鹳偶尔才会飞入挪威，一九二〇年之后有记录显示，在挪威总共只观察到了约一百只白鹳。

　　白鹳无法发声，不会歌唱或发出尖叫，所以它们用轻吻对方的喙来交流。

　　许多人认为白鹳是送子鸟，因此有好多关于白鹳和婴儿的传说。

为什么说白鹳是婴儿的守护者

（欧洲民间故事）

　　传说中，马利亚刚在伯利恒的马厩里生下了小婴儿。她疲惫不堪地躺在干草垫上，而约瑟夫则在旁边照顾这对母子。小婴儿的摇篮周围聚集了来自世界各地的各种兽类和鸟类。其中，有一些野兽想要瞅一眼婴儿，而另一些动物只是谦卑地跪在摇篮前。所有动物里有一只白鹳，看到小小的小婴儿时非常激动，可它也有点担心，因为小婴儿身下的稻草垫看上去并不舒服。其他动物只是站在那儿欣赏，只有白鹳越来越担心小婴儿。但马厩里也没有什么柔软的东西可以替代，于是白鹳把自己的羽毛拔下来，放到摇篮里，虽然那样做让它非常疼。小婴儿很快就舒服地躺在了白鹳的羽毛上，之后他朝白鹳举起了一只胖胖的小手，向它赐福。

　　这就是白鹳永远被人们铭记为"所有孩子的守护者"的原因。如果有白鹳飞过你的房子，那就意味着幸福！

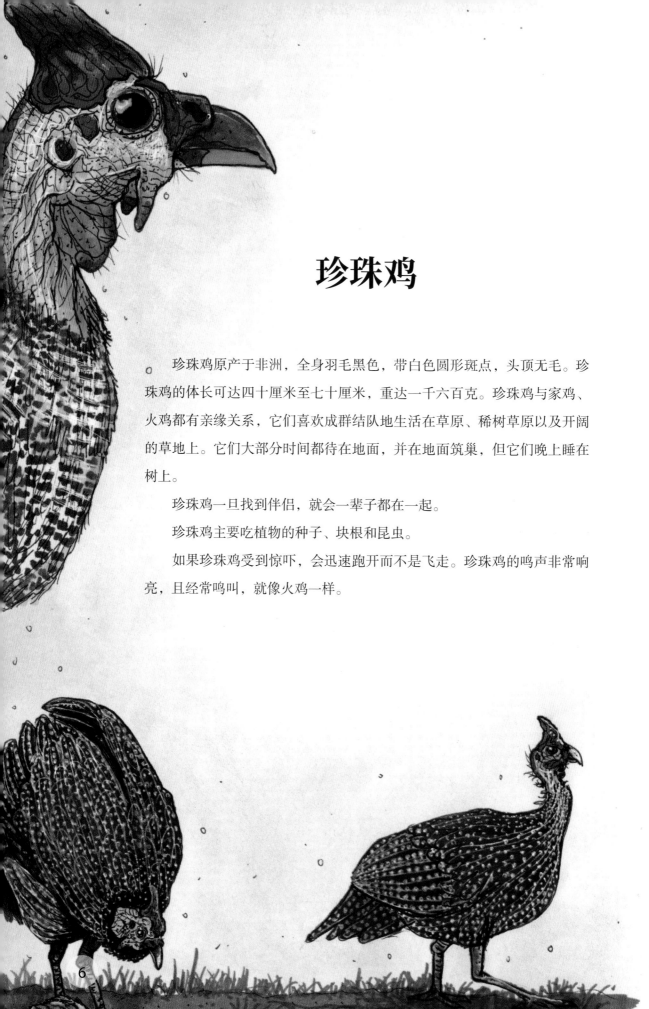

珍珠鸡

    珍珠鸡原产于非洲，全身羽毛黑色，带白色圆形斑点，头顶无毛。珍珠鸡的体长可达四十厘米至七十厘米，重达一千六百克。珍珠鸡与家鸡、火鸡都有亲缘关系，它们喜欢成群结队地生活在草原、稀树草原以及开阔的草地上。它们大部分时间都待在地面，并在地面筑巢，但它们晚上睡在树上。

    珍珠鸡一旦找到伴侣，就会一辈子都在一起。

    珍珠鸡主要吃植物的种子、块根和昆虫。

    如果珍珠鸡受到惊吓，会迅速跑开而不是飞走。珍珠鸡的鸣声非常响亮，且经常鸣叫，就像火鸡一样。

小珍珠鸡

（津巴布韦民间故事）

佩蒂本该是个快乐的女人。她嫁给了一个拥有很多奶牛的有钱人，但结婚多年仍然没有孩子，最终丈夫对她失去了兴趣。

一天，丈夫带了一个新太太回家。这位新太太生了一个孩子后，又生了一个。每次新太太生孩子，佩蒂都去给新生儿送礼物，但是这位太太拒绝接受她的礼物，还赶她走。

"我丈夫在你身上浪费了太多时间。现在我这么短时间就给他生了两个孩子，这里没有人想要你和你的礼物！"新太太对佩蒂说。

佩蒂非常伤心，但她还是像往常一样继续在田里干活，尽力过好自己一个人的生活。

几个月后，她在地里干活时，听到了灌木丛里沙沙作响。她走过去一看，是一只小珍珠鸡停在一根灌木枝上。小鸡看到佩蒂，便低声说道：

"我在这个世界上好孤单呀，我能做你的孩子吗？"

佩蒂犹豫了，她怎么能把一只鸟当作自己的孩子呢？但小鸡求了又求，最后她同意晚上没有人看到的时候，她可以做它的母亲。

这天晚上佩蒂正在吃晚餐，她听到窗外有珍珠鸡的声音，就把它放进来，和它分享食物。就这样，佩蒂和小珍珠鸡夜夜如此，像母子一样幸福地生活在一起。

新太太常常过来骚扰佩蒂，嘲笑她没有孩子。佩蒂并不怎么在乎，但小珍珠鸡不能接受有人对它母亲那样说话。于是，它飞到新太太的地里鸣唱，高声召唤那一带的所有珍珠鸡。

珍珠鸡一只接着一只地出现了，并开始吃她的谷子。新太太看到那些小鸡快把她的庄稼吃光了，便惊慌失措地追出去。她把它们都杀了，包括佩蒂的孩子，然后把它们拿到厨房里，做成了晚餐。

丈夫非常高兴晚餐能吃到这么多美味的珍珠鸡，感谢他的新太太如此贤惠。

他们刚把桌上的食物吃光，就听到了一只珍珠鸡在鸣叫。他们疑惑地环顾四周，想知道这声音是从哪儿来的。但周围什么也没有，他们吃惊地发现这声音是从他们的肚子里发出的！丈夫和他的新太太害怕极了，怕得竟然把肚子割了个洞，这时所有的珍珠鸡都从洞里都飞了出来。

这下丈夫和他的新太太都死了，佩蒂得到了所有的奶牛和田地，现在很多人想要娶她。而且，她还有一个非常聪明俊美的儿子呢……

吸蜜鹦鹉

　　吸蜜鹦鹉是一种生活在亚洲东南部、澳大利亚和新几内亚的鹦鹉。成年吸蜜鹦鹉长约四十厘米，重约五百克。

　　吸蜜鹦鹉大约有五十个种类。大多数吸蜜鹦鹉都是彩色的，有红色、绿色和蓝色的羽毛，被称为彩虹吸蜜鹦鹉。它们都有一个奇怪的长舌头，舌尖上有像小刷子一样的结构。这种鸟以花蜜为食，用它们奇巧的舌头收集花蜜。一只吸蜜鹦鹉一天之内可以吸食多达六百朵花的花蜜！

　　吸蜜鹦鹉栖息于森林、灌木丛和沼泽地中，常常在中空的树洞里筑巢。它们通常只会找一个伴侣度过一生，雌鸟在一年中的任何时候都可以产卵。

　　吸蜜鹦鹉的个性有点滑稽可笑。它们非常顽皮，但又聪明，喜欢在树上倒挂；它们经常鸣叫，并发出短小而反复的叫声，类似狗吠；如果把吸蜜鹦鹉当成宠物养，它们能学习说话，还可以学做一些简单的小把戏。

彩虹鸟

（澳洲原住民传说）

很久以前，在澳大利亚住着一条坏鳄鱼。它有一根能控制火的火炬，因此它总觉得自己很了不起。任何动物用火都得向鳄鱼乞求，但它们越是乞求，坏鳄鱼就变得越自私。

一天，一只小袋鼠很客气地跑来向它借个火，但鳄鱼竟然吹了一口气，嘴里的火炬一下子喷出火焰，把小袋鼠吓跑了。停在附近树上的一只小鸟看到了这一切，于是飞到了鳄鱼的身上。

"亲爱的鳄鱼先生，请行行好，把火分给人类和别的动物吧。"鸟儿请求道。鳄鱼向那只善良的鸟儿喷出一团火星作为回应，差点把鸟儿身上的所有羽毛都烧焦了。"你们这些东西需要什么火！"它愤怒地吼道。

"当然需要，食物煮熟之后的味道会更好，火也可以让我们在寒冷的时候保持温暖。"

"如果你不立刻消失，我就把你煮了，这样你就能得到你想要的温暖！"鳄鱼朝它嚷道。

这只好心的鸟儿知道自己说服不了鳄鱼，只好飞走了。但它每天都在树顶上观察着，耐心等待时机。

一天清晨，鳄鱼还在睡觉，鸟儿飞到了近处，一直等待的时机到来了。鳄鱼一打哈欠，鸟儿就嗖地飞下来，从鳄鱼嘴里叼走了那把火炬。鸟儿衔着火炬，从这棵树飞到那棵树，把每棵树都点上了火。于是，这些树都有了可以生火的特质。

鸟儿带着黄色的火焰从绿树间冲向蓝天，看起来就像鸟儿身后跟着一道彩虹。

最后，鸟儿飞回鳄鱼那儿，对它说："从现在起，你只能待在沼泽里，不许去陆地上，否则我就会放火烧你！"

鳄鱼立刻沉入沼泽消失了。直到现在，它还住在那儿，时不时还会将眼睛伸出水面，看看其他动物在干什么。

现在你知道为什么鳄鱼生活在沼泽中了吧，这就是英勇的吸蜜鹦鹉被称为彩虹鸟的故事。

鹈鹕(tí hú)

鹈鹕几乎遍布全球气候温暖的地方。它们是一种体形较大的鸟类，几乎和人类一样高达两米。它们可以重达十三千克，脖子细而弯。鹈鹕有七八种不同的类别，它们的颜色可以是白色、灰色、褐色甚至粉红色！

鹈鹕最有名的，是它下嘴壳有一个可以装很多鱼的袋子。这个袋子叫作喉囊。某些种类的鹈鹕会潜水觅食，但大多数鹈鹕在水面上觅食。鹈鹕以鱼类和其他海洋动物为食，但如果它们非常饥饿，也会吃鸭子。

鹈鹕群居而生，彼此相处得很融洽。它们一次产两到四枚卵。雏鸟在孵化三十八天后出壳，新生雏鸟是灰色的、毛茸茸的。鹈鹕雌鸟和雄鸟会轮流孵卵，亲鸟整天不离开雏鸟。鹈鹕的声音粗哑，听起来像是蛙鸣和海鸥叫声的混合体。

鹈鹕在码头和海滩周围可以变得非常温顺，当渔夫清洗白天捕获的鱼时，鹈鹕会紧跟着要吃的，就像家犬一样。

狡猾的鹈鹕

(马来西亚民间故事)

一只鹈鹕饿得要命，到处寻找能吃的东西。它在池塘里发现了一条小鱼，于是想到了一个主意。

"现在非常热，你的池塘可能很快就干涸了。"它对鱼说道。

"我可以将你和你的同族带到一个湖里去，说不定你们更喜欢那儿。"它提了个建议，露出狡黠的笑容。

小鱼觉得这是个好主意，就让鹈鹕把它带到了另一个池塘。它在新池塘里看了一小会儿，又让鹈鹕把它带回去。回到家，小鱼对同族们说起了那个美妙的大湖。大家都同意搬到大湖里。

于是，鹈鹕又把小鱼带去了那个湖，然后飞回去接其他的鱼。饥肠辘辘的鹈鹕接到了其他鱼，但没有把它们带到湖里去。它停在水边的一棵树上，把它们一条接一条地吞了下去。但是它吃完之后还是很饿……然后它看到附近有一只大螃蟹，于是决定对它要同样的把戏。

但螃蟹已经将鹈鹕做的那些好事看在了眼里，明白这只大鸟在打什么主意。就在鹈鹕将螃蟹从水中衔起的那一刻，螃蟹用它的大钳子掐住了鹈鹕的脖子，这只鹈鹕就这么饿死了。

鹪鹩(jiāo liáo)

　　鹪鹩是体形最小的雀鸟之一。这种鸟遍布整个北半球，如挪威、瑞典、丹麦、阿拉斯加、格陵兰岛和冰岛。它们体重只有八至十克，也被称为"大拇指汤姆"。鹪鹩的羽毛通常为褐色和白色，尾巴短小，几乎笔直地竖向空中。雄鸟和雌鸟的外表看起来几乎一样。

　　鹪鹩最喜欢生活在茂密的云杉林中。当它们要在某个地方定居时，雄鸟总是会筑好多个鸟巢。等到快要建好时，它会邀请一只雌鸟来选择其中的一个。选好以后，它们就一起搬进去，并开始产卵。它们一次最多能产十个卵。鹪鹩的叫声很大，而且唱歌的时候声音能越唱越高，中间还夹着一段"咕咕"声。

　　鹪鹩主要吃小昆虫和蜘蛛，但秋季和冬季它们也吃浆果，如果人类在花园中的鸟食台上放些鸟食，它们也会去吃的。

大雕和鹪鹩

（挪威民间故事）

鸟儿们打赌，看谁飞得高。谁飞得最高，谁就被大家公认为鸟中之王。大雕和鹪鹩都决心赢得鸟中之王的称号。

大多数鸟儿都认为赢得比赛的会是庞大的雕，而不是小小的鹪鹩。

当两只鸟儿向空中越飞越高时，鹪鹩当然是最先感到累的那个。但因为它体形小巧，所以它悄悄坐到了大雕的背上，大雕都没发现。

大雕感到疲累时，环顾四周寻找鹪鹩。

"你在哪儿呢，鹪鹩？"它喊道，以为自己赢了。

"我在这儿呀，就在你上边！"鹪鹩一边喊着，一边飞离了大雕的后背，当然就比大雕飞得还高。于是鹪鹩赢得了比赛！鹪鹩对自己赢得了比赛又惊又喜，竟然忘了扇翅膀，结果直直地摔到了地上，尾巴也摔断了。这就是鹪鹩的尾巴从那以后笔直冲上的原因。

15

孔雀

孔雀是一种大型鸟类，体重可达六千克。实际上，孔雀原产于南亚，与生活在欧洲的野鸡和火鸡有亲缘关系。雌鸟羽毛褐色和灰色，而雄鸟则有美丽的蓝色和绿色羽毛，尾羽上还有眼睛一般的花纹。雄鸟尾羽可长达一百五十厘米。雄鸟将长尾羽展开时，就像一把漂亮的扇子，以吸引雌鸟。

孔雀最喜欢生活在森林中，晚上在树上睡觉，但在地上筑巢以及产卵。孔雀通常一次产四枚卵。

孔雀吃植物和昆虫，但有时也吃老鼠或蛇。

孔雀就像森林中的护卫犬，因为它们很善于发现捕食者。一旦发现危机，它们就会高声鸣叫，这样其他动物就可以逃脱捕食者的扑杀。

孔雀尾巴上的眼睛是怎么来的

(希腊神话)

希腊神宙斯娶了女神赫拉。不幸的是，他又偷偷爱上了女神伊娥。赫拉特别爱吃醋，为了不让赫拉发现，宙斯把伊娥变成了一头美丽的白色母牛。为了隐藏自己和伊娥的行踪，宙斯又让整个大地罩上了一团浓雾。从此，白天的大地也变得像黑夜一样黑暗。

当白昼突然消失时，赫拉意识到宙斯在试图掩盖什么。于是她来到大地上开始搜寻，并命令浓雾消散。

雾散开后，赫拉在一头美丽的白色母牛身边找到了宙斯，心里纳闷他在大地上和母牛一起做什么。宙斯解释说，这是一头新生的母牛，他想要照顾它。但赫拉不相信他的话，于是问宙斯能不能把这头美丽的白色母牛作为礼物送给她。宙斯不情愿地同意了。

赫拉很快就明白了宙斯试图藏起来的东西是什么。她让阿尔戈斯看着母牛，不让宙斯靠近。阿尔戈斯全身有一百只眼睛，睡觉时也可以睁着其中的一些。因此，他是完美的看守。

宙斯非常不高兴，因为他心爱的伊娥被困在一头牛的身体里，并被阿尔戈斯看守着。伊娥该有多痛苦啊，宙斯想了又想，最后忍不住召来了众神的使者赫耳墨斯，叫他想办法救出伊娥。

赫耳墨斯扮作一个穷苦的农民来到大地。他用灯芯草做了一支笛子，并用力吹奏，以吸引阿尔戈斯的注意。

阿尔戈斯听到了音乐，觉得这乐声无比美妙。他邀请伪装成农民的赫耳墨斯和他坐在一起，这样赫耳墨斯就可以为他演奏更多曲子。赫耳墨斯本希望音乐能让阿尔戈斯昏昏欲睡，但发现这不起作用后，他不得不试试别的办法。他不再吹笛子，而是开始讲述那些最无聊的故事。很快，阿尔戈斯感到无聊，渐渐睡着了。当他的一百只眼睛都闭上时，赫耳墨斯趁机杀死了他，救出了伊娥，让伊娥又变回了一位美丽的女神。

赫拉为了悼念她的看守，把阿尔戈斯的眼睛都摘下来，放到了她最喜欢的鸟——一只孔雀的尾羽上。孔雀尾巴上的眼睛就是这么来的。

凤尾绿咬鹃

凤尾绿咬鹃是一种拥有绿色羽毛、红色胸部的美丽鸟儿，生活在中美洲的热带雨林中。许多人认为它们是世界上最美丽的鸟类之一！凤尾绿咬鹃是危地马拉的国鸟，它们的名字是危地马拉的货币单位名。虽然凤尾绿咬鹃的身体只有一只鸽子大小，但雄鸟的尾羽可达两米长。

凤尾绿咬鹃是一种非常罕见的鸟类，它们胆子相当小，主要生活在热带雨林中，吃水果、昆虫和小蜥蜴。

这种鸟类大多独居，除非要产卵或抚育雏鸟。它们经常在有些腐烂的老树上筑巢，一次产两到三枚卵。它们发出的声音像哨音，又有点像哀号。

对阿兹特克人和玛雅人来说，凤尾绿咬鹃都是神圣的，这些印第安部落的酋长经常戴着用凤尾绿咬鹃的羽毛做的头饰。据说，凤尾绿咬鹃无法在人工饲养的环境中存活下来，因此它们是印第安人的自由象征。

凤尾绿咬鹃的红色胸脯是怎么来的

（印第安人传奇故事）

一五二四年，西班牙征服者佩德罗·德·阿尔瓦拉多来到墨西哥，要征服这个国家。佩德罗·德·阿尔瓦拉多是一个嗜血贪婪的人，想要拥有印第安人的财富。但后来他遭遇了印第安玛雅人的首领特昆·乌曼带领的反抗军，于是西班牙人和玛雅人之间发生了数次战斗。

在战斗中，一只美丽的凤尾绿咬鹃为了帮助玛雅人首领，飞向了佩德罗·德·阿尔瓦拉多并攻击他。但特昆·乌曼还是受了致命伤。就在他倒地的那一刻，突然一只灿烂的凤尾绿咬鹃落在了他的胸膛上，闪闪发光。当酋长闭上眼睛沉入死亡的黑暗中时，鸟儿抬起它的绿色翅膀向天空飞去，而它的胸部永远沾上了特昆的鲜红血液。

玛雅帝国沦陷了，据说在此之前，凤尾绿咬鹃拥有所有鸟类中最美丽的声音。但从那天起，它开始用哀号的声音反复鸣唱。因为在玛雅帝国重新回到印第安人的手中之前，凤尾绿咬鹃不愿再好好地歌唱。

织布鸟

  织布鸟长得有点像麻雀，主要生活在非洲和亚洲。织布鸟与生活在挪威的家麻雀和树麻雀有亲缘关系。织布鸟有许多种类，大多数是黑色和黄色或者黑色和红色。它们的体长在二十厘米至二十五厘米之间。织布鸟主要吃昆虫和种子，有时成群觅食的织布鸟可以摧毁整片农田。

  织布鸟之所以有这个名字，是因为雄鸟会筑美丽的悬吊巢，以吸引雌鸟。那鸟巢看起来像是精心编织而成的。巢的开口朝下，入口又小又窄。织布鸟非常聪明，它们可以在喙和爪子的帮助下给稻草打结，这样它们筑的巢即使挂在树上也非常牢固。织布鸟是非常社会化的，数百只鸟可以彼此相邻筑巢，因此它们的树看起来就像一座小村庄。织布鸟鸣叫时会发出"唧唧啾啾"的声音。

织布鸟和猴子
（印度民间故事）

在戈达瓦里河边，有一棵大树。一些织布鸟在那儿筑了巢，幸福地生活在一起。雨季来临时，天空中布满了乌云，很快就下起了大雨。树下有一群猴子冷得发抖，全身都湿透了。有些猴子又打喷嚏又咳嗽，真是很可怜。鸟儿们为它们感到难过，决定给它们一些忠告，以免下次下雨再这样。

"嗨，猴子们！看看我们的巢！我们用草和树叶建造的，虽然要花很多功夫，但我们没有放弃。我们的辛勤劳动让我们现在可以躲在里面避雨，而你们却被雨淋得浑身湿透。这儿现在是雨季，你们应该给自己盖个避雨的地方啊。"

但猴子们不乐意接受这个建议，它们觉得这些鸟儿是在取笑自己，于是勃然大怒。雨一停，猴子们就爬到树上，把鸟巢拆了，把鸟蛋扔下了树。

织布鸟这才知道，没有人求教就给人建议，偶尔是要付出代价的。

黑腹滨鹬(yù)

　　黑腹滨鹬的踪迹遍布北半球，它们主要栖息于水域和沙滩附近。黑腹滨鹬的外观随年龄和季节不同而变化很大：夏季，成年黑腹滨鹬由于背部呈红褐色、腹部下方有黑色或深色斑点，所以很容易辨认，其他地方的羽毛颜色则呈现不同的灰褐色调。黑腹滨鹬就是我们所说的涉水鸟，通常生活在潮湿的地方，如沼泽和水边。通常，它们体长十八厘米至二十厘米，喙长三厘米至四厘米。黑腹滨鹬的叫声是短促重复的"咕咕"声。

　　黑腹滨鹬喜欢将巢筑在沼泽地和欧石楠丛生的荒野上。它们通常会产四枚橄榄绿色、带栗褐色斑点的卵，由双亲一起孵化。照看雏鸟的主要是雄鸟，直到雏鸟可以飞为止。

　　在冬季，黑腹滨鹬会迁徙到较温暖的地区，如地中海周边，但也会飞往荷兰，北至不列颠群岛。

孩子总是自己的好

（挪威民间故事）

从前，有个猎人到树林里去打猎，遇到了一只黑腹滨鹬。

"亲爱的朋友，请不要杀我的孩子！"黑腹滨鹬说。

"那谁是你的孩子呀？"猎人问。

"这森林里长得最漂亮的孩子就是我的！"黑腹滨鹬回答。

"那我就不杀它们吧。"猎人说。

但是他回来的时候，手里拎着一大串他打下来的黑腹滨鹬。

"噢不！你答应过我不杀我的孩子，可为什么还是杀了它们呀？"黑腹滨鹬哭着问。

"难道这就是你的孩子？"猎人问，"我打的可都是长得最丑的呀。"

"哎呀，哎呀，"黑腹滨鹬叹道，"你难道不知道孩子总是自己的好吗？"

太平鸟

太平鸟，由于它们美丽的羽衣，挪威人又称之为丝尾鸟。它们生活在俄罗斯的针叶林里，但在挪威、瑞典和芬兰也很常见。如果冬天找不到食物，它们就会向南飞，最远可至意大利及北非。在挪威，大概有五百对至两千对太平鸟。太平鸟体长约十九厘米，重约六十克。

太平鸟非常喜欢吃被风吹落的花楸莓果子，但在夏天它们也会捕捉蚊子和小苍蝇来吃。太平鸟在针叶树上筑巢，产的卵是白色的，带有浅褐色或蓝紫色斑点。

太平鸟在吃被风吹落的果子时，有时会遇到因为落下来很久而发酵了的果子。这种果子会产生酒精，所以太平鸟会醉酒！那时，很不幸，它们会飞进窗户里。

太平鸟是人们很熟悉的一类鸟，大多数人都知道它们的名字。这和它们会成群结队地飞入人们的花园有关。此外，太平鸟鸣声清柔宛转，听起来就像银铃一般。

丝尾鸟
（欧洲民间故事）

一天，造物主决定下到凡间遛一圈，看看人类是不是真的在以他希望的方式生活。当他变成一个老头，在大地上漫步时，突然下起了雨，他浑身湿透了，感到非常冷。他环顾四周，想寻找一个避难所，结果发现了一所小房子的窗户亮着灯。造物主变成了老头走过去敲门，一位穿着漂亮衣服的女士打开了门。老头很有礼貌地问他是否可以进去取暖，或者借两件干衣服。这位女士犹豫了一下，随后点点头，让他进去了。

老头坐在壁炉旁取暖，而这位女士则去她的衣柜里寻找可以借给他的衣服。她拿出一件又一件衣服，但不管她拿什么，她都觉得她的衣服对那个脏兮兮的老头来说太过漂亮了。最后她放弃了，让老头去隔壁家试试，因为她不愿意把自己的漂亮丝绸衣服借给他。

于是造物主生气了，说道：

"如果你不愿把衣服借给别人，那么你再也不能因为拥有它们而感到快乐！"

造物主一瞬间把这位女士变成了一只太平鸟。为了让所有人都看到她是多么爱慕虚荣，所以让她仍然穿着那身丝绸衣服这就是太平鸟又称为丝尾鸟的来历，在德语里"丝尾"就是丝绸尾巴的意思。

鸵鸟

鸵鸟是世界上体形最大的鸟类之一，原产于非洲。它们的身高在一百七十厘米至二百五十厘米之间（雄鸟更大），体重通常在九十千克至一百三十千克之间！雄鸟羽毛为黑色和白色，而雌鸟和雏鸟则是褐色和白色。颈部无羽毛，头部有一些绒毛。鸵鸟生活在大草原上，通常五只至五十只群居生活，大多数情况下它们与其他食草类动物比邻而居，如羚羊和斑马。鸵鸟主要吃植物和昆虫。

鸵鸟产的蛋也是世界上最大的。一颗鸵鸟蛋可重达一千五百克，相当于二十至二十四颗鸡蛋。如果你打算煮一颗鸵鸟蛋当早餐，并且想煮熟透的话，那你就得等上一个半小时！

鸵鸟呼叫伴侣时，会将脖子鼓起来，发出深沉的叫声。和人们通常以为的相反，鸵鸟在害怕的时候不会把脑袋藏在沙子里。不过它确实不怎么聪明，因为它的眼球比大脑还要大。

鸵鸟的每只脚上只有两个脚趾，但跳踢的力量非常巨大，足以防御猎食者。鸵鸟无法飞行，但它可以每小时七十千米的速度狂奔，而且可以持续跑三十分钟。

鸵鸟的长脖子是怎么来的

（肯尼亚民间故事）

鸵鸟先生是一位善良而忠诚的丈夫，它把妻子照顾得很好，并帮忙干了大量家务活。一天晚上，妻子正要孵蛋，鸵鸟丈夫对妻子说：

"我的羽毛是黑色的，在晚上不容易被发现，所以就让我来替你吧。你可以去玩会儿，等太阳升起再回来。"

于是，鸵鸟先生把粉红色的大长腿蜷起来，就像妻子那样坐在蛋上，准备度过接下来的漫漫长夜。虽然一开始有点不习惯，动作有点笨拙，但能让妻子放松一下，它仍感到很高兴。

可鸵鸟妻子的性格并不安分，产蛋后才收敛了一点，这下解脱了的它高兴得竖起羽毛，在巢穴周围的白蚁丘间跳起了舞。

这里的草长得并不高，因为当时鸵鸟的脖子不长，在草长得比较矮的地方产蛋，才容易看清草丛中是否隐藏有敌人。

这天晚上是满月。在银色的月光下，鸵鸟先生伸长脖子观察着草丛中的动静。突然，它发现白蚁丘壁上映出一些晃来晃去的影子，于是它使劲伸长脖子，想看得更清楚。可是，当它听到妻子俏皮的笑声时，顿时身子一僵。它把脖子伸得更长了，发现果然是妻子在白蚁丘间欢快地奔跑，而一只英俊、年轻的雄鸵鸟就跟在它后面。

鸵鸟先生气得站了起来，但紧接着又坐了下去。它不能离开它们的蛋啊！这一晚上，它只能一直使劲伸长脖子，以便看清楚那不安分的妻子在做什么。当漫长的夜晚过去，太阳升起时，妻子从晨雾中现出身来，准备接替孵蛋任务。

鸵鸟先生四肢僵硬地站起身，正要为妻子晚上的行为破口大骂时，它发现自己脖子上的肌肉有点奇怪，于是低头看向脚，吃惊地发现脚离它的头是那么远。原来，一整晚为了盯住妻子，它始终伸着脖子，脖子已不知不觉被拉得很长。它试着把脖子缩回去，但于事无补。传说中，鸵鸟的长脖子就是这么来的。

鹬鸵

鹬鸵是新西兰国鸟，仅见于新西兰。它不会飞，而且翅膀很小，几乎没有翼肌，但它有强健的双腿和长喙，因此人类很难将它抓住。鹬鸵的体形和母鸡差不多。鹬鸵的卵相对体重（最高五千克）来说，是世界上最大的卵（五百克）。鹬鸵每年只产一到两枚卵。鹬鸵在夜间最活跃，雌雄鸟会轮流照看它们的卵和雏鸟。

这种鸟会用嗅觉来寻找食物，并且是唯一在喙的顶端长有鼻孔的鸟类，因此它在挖掘泥土时，能轻松找到土里的虫子、种子和其他好东西。

鹬鸵的鸣声是一种重复而高亢的呼喊声，音调到最后会下降。雌鸟和雄鸟一辈子在一起，通常可长达二十年。

不幸的是，这是一种濒危鸟类。因为无法飞行，许多动物都猎食鹬鸵，并且由于同样的原因，也很容易被汽车轧到。

为什么鹬鸵生活在地上

（毛利人神话）

一天，森林之神塔尼玛胡塔在森林里散步，看到树都生病了。他把鸟儿们召唤过来，对它们说："有些虫子啃噬（shì）树木的根。我需要你们中的一个从树冠上下来，在地面住一段时间。有谁愿意下来吗？"

一片沉默，没有一只鸟发出声音。塔尼玛胡塔转向图伊鸟："图伊鸟，你能从树冠上下来吗？"

图伊鸟看着又冷又黑的大地，吓得发抖："那儿好黑啊，我怕黑……"

又是一片沉默，鸟儿们谁也不说话。塔尼玛胡塔转向紫水鸡："紫水鸡，你能从树冠上下来吗？"

紫水鸡看着又冷又湿的大地，也吓得发抖："那儿太潮湿了，我不想弄湿我的腿脚。"于是塔尼玛胡塔转向金鹃："金鹃，你能从树冠上下来吗？"

金鹃瞅了瞅它的家人："可是塔尼玛胡塔啊，我现在正忙着筑巢呢！"

林中再次安静下来，没有任何声音从树梢传来。

塔尼玛胡塔感到非常难过，因为他知道，如果没有一只鸟愿意从树冠上下来守护这些树，鸟儿们很快会连自己的家都没有了。

最后，塔尼玛胡塔转向鹬鸵："亲爱的鹬鸵，你可以从树冠上下来吗？"

鹬鸵抬头看着树梢，看到太阳在叶片间闪耀着美丽的光芒，然后转身看了看它的家人，又看了看又冷又湿的大地。环顾四周后，它转身对塔尼玛胡塔说："好，我去。"

所有鸟儿心中都感到非常高兴，因为这只小鸟给了它们希望。但是塔尼玛胡塔觉得他必须警告鹬鸵会发生什么事。

"噢，鹬鸵啊，你可知道，你若这样做，就必须拥有粗壮的双腿，这样你才能将地上的残根撕碎。你将失去缤纷的羽毛和美丽的翅膀，再也不能飞回树冠，永远见不到日光了。"

又是一片寂静，鸟儿们没有发出任何啁啾(zhōujiū)。

鹬鸵最后一次看了看透过树叶闪耀着美丽光芒的太阳，同它做了无声的道别；最后一次看了看其他鸟儿，看了看它们的翅膀和五彩缤纷的羽毛，也同它们做了无声的道别。之后，它转身对塔尼玛胡塔说："我愿意去地上。"于是塔尼玛胡塔对鹬鸵说："因为你做出了这么大的牺牲，你会成为最有名、最受爱戴的鸟儿。"鹬鸵就这样住到了地面上，成了新西兰的国鸟。

走鹃

　　走鹃生活在从美国西南部到南美洲的沙漠地区，是美国新墨西哥州的州鸟。走鹃有一个发型奇特的头部，个头约三十厘米高。它的尾部、头部和背部都很修长，整个身子呈暗色调，而颈部前方和腹部是蓝色的。

　　这种鸟极少飞，就算飞也只能飞几秒钟，但它们可以跑得非常快！走鹃的奔跑速度可以达到每小时二十七千米，这是非常快的速度，因此走鹃可以逮住响尾蛇！为了杀死响尾蛇，它们会咬住蛇的尾巴，反复往地上摔打，直到把蛇摔死。然后它们会吃了响尾蛇。走鹃也会捕食蝎子、蜥蜴等其他小型爬行动物或小型啮齿动物。走鹃用树枝在仙人掌上筑巢，每窝产卵三至六枚。走鹃召唤伴侣时，听起来有点像猫头鹰叫。它还可以发出"哔哔，哔哔"的声音，这声音能让你认出它就是《大野狼和哔哔鸟》①卡通片里的那只哔哔鸟吧？

---

① 《大野狼和哔哔鸟》是美国华纳兄弟出品的一部喜剧卡通片，片中的两位主角动物就是以郊狼和走鹃为原型创作的。

鸟儿们选首领

(印第安人传说)

很久以前，鸟类就像人类一样过着群居生活。

它们认为应该像其他动物那样，拥立一个能为自己说话的头儿，于是聚在一起开了个会，讨论由谁来当首领。

一开始，它们想选黄鹂鸟，因为它有美丽的羽毛。它们讨论了很长时间，但最终得出结论，虽然黄鹂的羽毛很漂亮，但它不太擅长说话，而一个首领必须为所有鸟儿说话。因此首领不能是黄鹂。

然后它们又想选知更鸟。可是知更鸟说话太难听了，还取笑过其他鸟儿。它们都觉得知更鸟不会好好地替大家说话，于是改变了主意。

它们想了一会儿，想到也许可以选冠蓝鸦。

它们坐下来讨论，如果让冠蓝鸦当首领会怎样。但结论是它太固执了，并且太爱吹嘘自己了。

最后，它们想到了跑得比其他鸟都快的走鹃！

"它可以快速跑去参加所有会议，而且它能说会道，"鸟儿们都同意这一点，"如果它成为我们的首领，对我们大家都有好处。"

于是，走鹃就成了所有鸟儿的首领。

笑翠鸟

　　笑翠鸟生活在澳大利亚和新几内亚的森林和稀树草原上。这种鸟吃昆虫、鱼和小蜥蜴，而且因为它们能从食物中获取所需的所有水分，所以它们永远不必喝水。笑翠鸟也被称为笑鸟，因为它发出的尖叫声听起来像人类放声大笑。笑翠鸟鸣叫是为了宣示自己的领地，人们常常会在太阳升起之前听到这种令人有点毛骨悚然的笑声。此外，它们还被称为柯卡布拉鸟，"柯卡布拉"这个词是一个拟声词，模仿的就是笑翠鸟的鸣声。

　　笑翠鸟能用强大的喙捕捉地上的猎物。它会藏在树枝上，等待着猎物出现，然后攻击猎物。一旦抓住了猎物，它会在树枝上把猎物摔打至死。

　　笑翠鸟在中空的树干上或废弃的白蚁丘中打洞筑巢。

　　它们通常一次产两到四枚卵，而雏鸟刚出生时目盲而无毛，要整整一个月之后它们才会长毛。

　　在二〇〇〇年澳大利亚悉尼夏季奥运会上，一只名叫奥利的笑翠鸟就是吉祥物之一。

笑翠鸟

（*澳洲原住民神话*）

很久以前，天穹上只有月亮和星星照耀大地，动物们从来没有感受过太阳的温暖。生活在天上的神灵们低头看着飞禽走兽，为它们饱受饥寒之苦而感到忧虑。

有一天，一位善良的神认为应该给世界更多光，于是召唤其他神，一起弄来许多干草堆在一块儿。他们越堆越多，干草堆也越集越大，很快就再也看不到干草堆的顶了。

接下来，他们决定点燃干草堆。众神一致认为，生活在地上的所有动物一定都会爱上光的，但是为了不吓坏它们，他们想先派出使者告诉大家这个消息。因此，他们派出一颗星星到天上，让它告诉那些生活在地上的动物，很快就会有大量的光和热照射下来。

星星闪呀闪，照耀着大地，但是几乎没有谁注意到那微弱的光，所以当众神点燃篝火发出强光时，飞禽走兽都很害怕。

好在没多久，它们就习惯了那光和热。

之后，众神又决定为大家带来黎明，但这次得找到一种好方式来通知大家。他们讨论了很久，认为应该找到一种声音，一种响亮而不寻常的声音，一种足以引起大家注意的声音。

一天早晨——这时候的早晨还没有阳光，地上生活的动物自然也没有见过阳光——众神听到了一个很奇妙的声音，同时看到一只鸟飞向地面捕捉老鼠。当这只鸟抓住它的猎物后，开始高声大笑。那笑声太特别了，几乎让人忘记地上其他生物也曾经笑过。众神一致认为，这应该被选为每天早上唤醒大家的声音。

于是，众神拜访了这只叫作柯卡布拉的鸟，表示想给它一份唤醒世界的工作。笑翠鸟笑着接受了工作，从此每天早上太阳升起之前，笑翠鸟的笑声会提醒世上所有生物做好准备，用快乐的心情迎接阳光的到来。

黑啄木鸟

黑啄木鸟是欧洲最大的啄木鸟。它们的体长可达五十五厘米，翼翅展开可达六十八厘米。这种鸟很容易辨认，因为它们穿着一身黑色衣服，戴着一顶红色帽子。黑啄木鸟生活在古老的森林里，吃着在枯木中生活的昆虫。

黑啄木鸟筑巢时，会在距离地面五至十米处凿洞。巢洞通常深达半米，偶尔也超过一米，黑啄木鸟得花一个月的时间凿这样的洞。这种鸟一次产三至六枚白色的卵。雏鸟在会飞之前通常会从巢中跳到地面，它们的父母会在地上喂养它们。我们经常听到黑啄木鸟用嘴敲击木头的声音，此外它还会反复发出哨音般的声音。黑啄木鸟又被称为葛特露鸟，过去人们认为，一见到它们就预示将要下雨，它们还会把人引诱到森林深处，让他们迷路。

葛特露鸟

（挪威民间故事）

在造物主和他的仆人还在大地上游走的旧时代，他们曾遇到过一位正坐着烤面包的妇人。她名叫葛特露，头上戴着一顶红色帽子。

造物主和仆人已经赶了很久的路，都饿了，于是造物主恳求这位妇人给他们一块薄饼吃。葛特露同意了，但她只拿了一块小面团出来擀平，最后这块薄薄的面饼盖住了整个锅底，她就觉得这个饼太大了，不能给出去。

于是，她又拿了更小的一块面团来做饼，可做出的饼她仍然觉得大了。第三次，她拿了一块小小的面团，做成薄饼之后她还是舍不得给出去。

"我没什么能给你们的，"葛特露说，"你们还是走吧，因为所有饼都太大了。"

造物主很生气，说："因为你什么也没给我，你会受到惩罚，变成一只鸟，在树皮和干草中找东西吃，除非每次下雨，否则你将喝不到任何水。"

他还没说完，妇人就变成了一只鸟，从揉面板旁飞进烟囱了。它往上飞的时候，烟囱里的烟灰把它的身体染黑了。从那以后直到现在，人们还可以看到它戴着红帽子到处飞，身子却是黑色的。为了寻找食物，它不停地在树上敲呀啄呀，一下雨就高兴得吹口哨——因为它总是口渴，而只有那个时候它才能喝到水。

蓝鸲(qú)

　　蓝鸲属于鸫科鸟类，这种美丽的蓝色鸟儿在美洲到处可见，从墨西哥至阿拉斯加都有。蓝鸲的颜色各不相同，可分为三种，东部蓝鸲、西部蓝鸲和山蓝鸲。最后一种是颜色最蓝的，而另外两种都有一个橙红色的胸部，下腹部为灰白色。一般来说，雌鸟的颜色略淡一些。蓝鸲的体长在十五厘米至二十厘米之间。

　　蓝鸲最喜欢在有草地或田野的开阔地带生存。它们在地面上空飞来飞去捕捉昆虫，包括蚱蜢。它们也吃水果和浆果。

　　蓝鸲通常会给自己找一个伴侣。在求偶期，它们会在太阳升起之前的晨光中相互歌唱。它们的歌声是悦耳又欢快的啁啾。负责筑巢的是雌鸟，但如果产下了卵，双亲都会帮助保护巢穴。蓝鸲的卵通常略带蓝色。

　　我们有许多关于蓝鸟的歌曲，所有的歌都带着喜悦和快乐。也许你听过挪威的童谣《飞过一只小蓝鸟》吧？

38

蓝鸲的蓝色是怎么来的

（印第安人传说）

很久以前，在蓝鸲变成蓝色之前，它们全身的羽毛是难看的褐色。因此，它们想拥有一种更美丽的颜色，水的颜色。有一只蓝鸲开始每天早上洗澡，一连洗了四天，边洗边唱一首魔法歌曲：

"这儿的水是蓝色的，我在水里面，那我也是蓝色的了。"

第四天早上，这只鸟儿把身上所有的羽毛都脱下来，赤裸裸地走进水里。当它上来的时候，身上披着美丽的蓝色羽毛。

一头郊狼每天早晨都看到这只鸟儿在这里洗澡，其实它很想跳进水里把鸟儿吃了，但它怕水。

这天看到蓝鸲得到了一身漂亮的蓝色羽毛，郊狼感到很好奇，于是上前问："你到底是怎么得到这身美丽的蓝色的？"它也很想要这种颜色，因为当时的郊狼是绿色的。

蓝鸲老老实实告诉了郊狼，是它连续四个早上洗了澡，同时唱了一首魔法歌曲才换来的。它还教给郊狼那首歌。郊狼于是也一连四天每天早上都来这里洗澡，照着蓝鸲说的那样做。

果然，郊狼也变成了蓝色，它为自己的新颜色感到非常自豪，到处显摆自己的新毛色，走几步又转过身来环顾四周，看看有没有谁在看它。它可是第一头蓝色的郊狼啊！是不是连它的影子都是蓝色的呢？郊狼转过头去查看，结果一不小心跌下了山坡，灰尘和泥土裹了一身，最后从头到脚都成了褐色和灰色的。直到现在，郊狼都是如此。

红衣主教鸟

红衣主教鸟生活在北美和南美的森林中。它们有强大的喙，主要以吃种子和昆虫为生。这种鸟是一种雀鸟，因雄鸟的红色羽毛就像红衣主教的红色长袍而得名。雌鸟在胸部也有这样美丽的红色羽毛。由于这些鸟冬天不会去更温暖的地区，所以它们是北美白雪皑皑的冬季树林中一道美丽的风景线。

红衣主教鸟体长约十五厘米，在地上的小树或相当低矮的灌木丛中筑杯状巢。它们用树皮和树枝筑巢，并垫上柔软的苔藓和干草。

红衣主教鸟的头上有个红色的羽冠，当它感觉到危险时就会竖起来。雄鸟脾气火爆，会非常激烈地捍卫自己的领土，有时甚至会对着玻璃窗上自己的影像飞过去，以为那是另一只雄鸟。红衣主教鸟唱的歌是不同曲调的重复哨音。在哨音结束之后，偶尔还会听到更柔和、更低沉的"沙沙"声。研究红衣主教鸟的人发现，不同地方的红衣主教鸟的歌声也有所不同。

红衣主教鸟是怎么变红的

（印第安人传说）

浣熊喜欢捉弄狼，总是把狼捉弄得很惨，狼非常生气！

有一天，狼想抓住浣熊报复一番。但浣熊很聪明，无论狼怎么追都追不上。浣熊逃到一条河边，它没有跳过河，而是迅速爬上了河边的一棵树，然后坐在树枝上，幸灾乐祸地等着看狼会怎么办。狼追到河边时，看见浣熊在水中的倒影，来不及多想，一下子就跳进了河里，以为自己这下肯定能抓住浣熊。可是，它找啊找，最后累得差点淹死。只剩下一口气的它爬上河岸，睡着了。

这时，浣熊想到了一个主意！它悄悄爬下树，从河岸边收集了一些泥巴，再偷偷溜向沉睡的狼。它把泥巴糊到狼的眼睛上，为自己的恶作剧笑了好一会儿，又跑回森林里了。

过了一会儿，狼醒了，开始大叫……

"哎哟，谁来帮帮我呀！我看不见了，我睁不开眼睛！"

可是谁也不来帮它。时间飞逝，最后有一只褐色的小鸟听到了狼的呼救声，飞向了它。小鸟落在狼的肩膀上，问狼怎么才能帮助它。狼说，它需要小鸟帮助它睁开眼睛，这样它才能看得见。

"我只是一只褐色的小鸟，但如果我能，我会帮助你的。"小鸟说。

"要是你帮了我，我会带你去找魔法石，魔法石会滴下红色的颜料，这样你就可以把你的羽毛染成红色。"狼许诺道。

这只褐色的小鸟开始把狼眼睛上的泥巴啄走，很快狼就又能睁开眼睛了。正如狼所承诺的那样，它把褐色小鸟从森林里带到了滴着红色颜料的魔法石那儿。

到了那里，狼从树上折下一根树枝，并用锋利的牙齿把树枝末端啃碎，让树枝的纤维软得就像一把油漆刷子。它用这把"刷子"在红色颜料里蘸了蘸，把褐色小鸟全身涂了一遍。当所有羽毛都变成红色后，小鸟飞向它的鸟群，给大家看它变得有多美。

红衣主教鸟的红色就是这么来的。

巨嘴鸟

巨嘴鸟生活在美洲南部和中部，出没于热带雨林中。

这种鸟的体形根据种类不同而略有差异。体长从二十九厘米至六十三厘米不等，身体又矮又胖，尾巴是圆弧形的，尾巴的长度从一半体长到整个体长不等。它的尾椎骨结构非常独特，使这种鸟儿能够将尾巴弯过来，翘到头上，它们要睡觉时就会蜷成这样。

巨嘴鸟有一个非常大的五颜六色的喙，有些种类的巨嘴鸟的喙是它们体长的一半以上。巨嘴鸟还有一个长而窄的舌头，长度可近十五厘米，舌头边缘有锯齿。巨嘴鸟主要吃水果，但它们也吃昆虫和小蜥蜴。事实上，巨嘴鸟对雨林的生长起着很大作用，它们在大快朵颐的时候就会散播种子。如果巨嘴鸟或其他以水果为食的鸟类灭绝，那么热带雨林就有消失的危险。巨嘴鸟能发出两种鸣声，一种"呱呱"的声音提示危险，另一种"咔嗒"的声音表示安全。巨嘴鸟在树洞里产卵。孵出的雏鸟全身赤裸，没有绒毛。

世界是如何有了水的

（印第安人创世神话）

很久以前，世界上并没有水。造物主知道蚂蚁有水，就想问它要一点点，但是小蚂蚁只是摇摇头，并不愿答应。于是造物主狠狠地掐住它的腰，把它肚子里的水给挤了出来。从那以后，蚂蚁的腰部总是那么细。

"告诉我，你把水藏哪儿了！"造物主大喊。

小蚂蚁把神带到一棵树旁，告诉他，水就在树里。

这棵树看起来很普通，所以造物主叫青蛙们和男人们都来砍树。他们砍呀砍呀，砍了四天四夜，但树就是不倒，因为一根又大又粗的藤蔓缠住了树干，让它无法倒下。

突然，造物主看到有一只长着巨嘴的鸟儿，也就是巨嘴鸟。于是他就吩咐这只鸟把藤咬断。这只大鸟拼命咬呀咬，却没有成功。于是造物主发怒了，他说作为惩罚，巨嘴鸟从今以后只能把果子囫囵吞下去。

最后，金刚鹦鹉把藤蔓咬断了，树倒在地上。就在树倒地的那一刻，水流了出来，形成了河流和湖泊，最后形成了海洋。顺便说一句，印第安人的神话里说海洋之所以是咸的，是因为魔鬼朝海里扔了几把盐。

世界就是这样有了水的。

43

鹌鹑(ān chún)

　　鹌鹑和野鸡有亲缘关系，生活在非洲、亚洲和欧洲等地。挪威某些地方也有鹌鹑，但在挪威它是一种濒危鸟类。

　　鹌鹑很难被发现，因为它们喜欢藏在草丛和灌木丛中，此外，它们全身的羽毛也是很好的伪装。羽毛呈黄褐色，羽色斑驳。鹌鹑和八哥差不多大小，约二十二厘米长，身体圆滚滚的。鹌鹑很容易因为发出的独特声音被发现，听起来有点像在水槽下快速溅落的水滴声。

　　鹌鹑每天下一颗或两颗小小的蛋，比鸡蛋要小得多，通常对鸡蛋过敏的人可以食用鹌鹑蛋。鹌鹑肉已成为美味佳肴，是那些高档餐馆里提供的美食，吃起来的味道介于鹿肉和鸡肉之间。

为什么鹌鹑在地上生活

（葡萄牙民间故事）

为了躲避希律王的追捕，马利亚往埃及逃去，途中遇到了一只鹌鹑。鹌鹑很乐意帮助她，但是它很聒噪，不断高声喊道：

"朝——这边走啊！"

马利亚只能出声警告，让鸟儿保持安静，否则追捕的人会听到喊声而追来的。但是这只笨鸟的声音没有减轻反而更尖锐了，马利亚忍无可忍，最终怒气冲冲地对鸟儿说：

"因为你太吵了，诅咒会降临到你的身上：你将永远只能留在地面，再也不能在阳光底下高飞！"

从那以后直到今天，鹌鹑都在地面躲躲藏藏地生活，而且有许多想要吃它的敌人。

黑喉潜鸟

这种看起来有点奇怪的鸟儿生活在挪威和瑞典的淡水或咸水水域。

它们主要吃鱼，因此在内陆地区鱼类繁多的大湖周围活动。

顾名思义，黑喉潜鸟是一种大型水禽，体长可达六十八厘米。它们的羽毛黑褐色，颈部有白色纵纹，前颈有一块黑色的方形斑点，翅膀上有白色斑点。黑喉潜鸟在沿海地区的冬季比较罕见，大部分黑喉潜鸟会在地中海和黑海越冬。如果黑喉潜鸟筑的巢离海洋不太遥远的话，成鸟常常会飞到咸水水域去寻找食物。

黑喉潜鸟主要栖息在水中，它们的腿长在身体非常靠后的位置，因而在陆地上不是特别好使，但这样的腿让它们非常善于游泳，可以下潜七十米深。实际上，它们可以在水下待上两分钟至五分钟。黑喉潜鸟的挪威语名字的意思是泣诉，这是因为黑喉潜鸟的叫声听起来像抽泣。

黑喉潜鸟的腿是怎么来的
（挪威民间故事）

一天，造物主和魔鬼在外面散步。魔鬼看造物主创造了这么多种类的鸟儿很嫉妒，于是酸溜溜地说道："这没什么难的，让我试试，我能造出一只特棒的鸟儿。"造物主给了魔鬼一团泥巴，让他尝试。

魔鬼尽了最大的努力，做了一只又大又美的鸟儿，"你看，比你做的那些小鸟要好得多吧。"他轻蔑地笑起来，把鸟儿朝空中一扔，想证明它也可以飞。

造物主无奈地摇摇头："可它没有脚啊！"

魔鬼很快又用泥做了一双脚，把它们朝鸟儿身后扔过去。不幸的是，它们落在了鸟儿身子太靠后的地方，差不多就在尾巴下面。因此，黑喉潜鸟大部分时间待在水里，一旦上了陆地，那双腿脚就显得有些笨拙。这就是魔鬼做事马虎的结果。

鹤

　　世界各地都有鹤的身影。鹤的个头很大，体长在一百厘米至一百八十厘米之间，长脖子长腿，羽毛颜色主要是灰色和白色。非洲鹤的头部是红色、黑色和白色的，还有金色的冠羽。非洲鹤也是唯一在树上筑巢的鹤。其他的鹤类会在浅水中筑一个平台状的巢，它们在那里一次产两枚卵。孵化雏鸟时，双亲都会帮忙，雏鸟会和父母一起待整整一年。成对的鹤通常一辈子都生活在一起。

　　鹤吃小型啮齿动物、鱼、两栖动物和昆虫，还有浆果和植物的根茎。

　　它们用许多种声音交谈，鹤的鸣声有点像海鸥的叫声，但更像小号声。

　　鹤在飞行时很容易辨认，因为它们的颈部和腿部始终保持着伸展状态。

仙鹤报恩

（日本民间故事）

很久很久以前，在一个遥远的国家住着一个年轻人。一天，他在自己的农庄上劳作时，看到一只美丽的白鹤从天而降，落在他的脚边。原来这只白鹤受伤了，一支箭穿过了它的一只翅膀。年轻人觉得鹤很可怜，就帮它拔出了箭，还把它带回家清理伤口。他每天都细心照顾鹤，直到它能重新飞起来。当他把鹤放走时，轻声叮嘱鹤要注意躲避猎人。鹤在年轻人的头上盘旋了三圈才飞走了。

这天傍晚，年轻人结束劳动后回到家中，惊讶地发现家门口站着一个漂亮的姑娘。他以前从未见过这个姑娘。

"欢迎回家，我是你的妻子。"这位美丽的姑娘说。

年轻人又惊又喜，但他老老实实回答说："我很穷，恐怕我养活不了你。"

姑娘只是笑了笑，打开了她带来的一袋米。年轻人很惊讶，不知道这袋米是从哪儿来的。

从那天起，这个美丽的姑娘和年轻人幸福地生活在了一起。奇怪的是，米袋子从来没有空过。

一天，姑娘叫年轻人为她建造一个房间，她好在那里织布。年轻人照办了。房间建成后，姑娘说："你必须保证永远不会偷看这个房间。"然后她就把自己锁在里面过了七天。年轻人耐心地等待了整整一周，房间外只能听见他妻子织布的声音。第七天，她拿着最漂亮的布料出来了，让他去市场卖掉它。男子按她说的做了，把那块漂亮的布料卖了很多钱。

妻子又一次进入房间，但这次，年轻人的好奇心占了上风。他想，没见她买什么丝线或纱线，她怎么织出这么美丽的布料呢？他非常渴望知道妻子的秘密，于是偷偷朝房间里看。

只见织机旁边坐着一只鹤，把自己的羽毛拔下来，用羽毛作织线纺织。房间里却不见他的妻子。突然，鹤抬起了头，看到了男子，于是开口说："我就是你救的那只鹤。我想报答你，所以做你的妻子，但现在你已经看到了我的真实模样，所以我不能再留在这里了。"鹤把它织好的那块布送给男子，低声说："留作纪念吧。"然后，鹤展翅高飞，再也没有回来。

红腹灰雀

　　红腹灰雀是雀科中的一种小鸟，生活在欧洲和亚洲。它体长约十六厘米，一旦发现它就很容易识别：雄鸟的胸部和颊部呈鲜红色，头的顶部和颈后呈蓝黑色，背部呈灰色；雌鸟与雄鸟相似，但胸部为灰褐色。喙短而有力，边缘锋利，因而可以剥除种子和芽的外皮。

　　红腹灰雀最喜欢在森林中栖息，但也在公园和花园中出没。这些鸟儿常常把巢建在灌木丛和树上。红腹灰雀一次最多可产七枚卵，卵是蓝白色的，带有黑点。有时，红腹灰雀造访人们的花园时，会把果树上的芽摘走，所以有些人不太喜欢它们。

　　红腹灰雀不会鸣唱，但能发出短短的音调来。红腹灰雀冬天不会迁徙，因此它们是一种会在你家花园的鸟食台上经常出现的鸟。

红腹灰雀的红色是怎么来的
（斯堪的纳维亚民间故事）

在天堂的某个地方有一丛巨大的荆棘，小鸟们通常都把它们的巢筑在那上面。那时候，所有的小鸟都是褐色和灰色的。它们整天都飞出去，又带着食物飞回来，喂给它们刚孵出来的孩子吃。孩子们叽叽喳喳，热热闹闹，一切都是那么完美。

一天晚上，鸟儿们把晚餐带给孩子们的时候，荆棘丛似乎着火了！其实那只是太阳下山，落到了树丛后面的某个地方，但小鸟们不知道呀。大部分小鸟马上就想到了自己的孩子，迅速飞回来救它们，但有些鸟儿首先想到的是它们自己，还有它们的羽毛，于是飞走了。第一批到达荆棘丛的鸟儿，冲上去的速度太快了，以至于它们胸部都扎上了荆棘丛的刺，红色的血滴渗了出来。

"真是些蠢雀呀！"其他没有那么勇敢的鸟儿中有一些嘀咕道。

这时，造物主刚好经过这里，看到了鸟儿们和荆棘丛的这一整出戏。

"从现在开始，你们就叫红腹灰雀，为了纪念你们的勇敢，你们的胸脯就永远都是红色的，其他小鸟只能还是灰色。"

53

布谷鸟

布谷鸟体长介于三十二厘米至三十五厘米之间，跟鸽子差不多大小，是一种候鸟，除冰岛外，整个欧洲都可见到。它们也生活在北非和亚洲大部分地区。在冬季，欧洲布谷鸟会飞去非洲越冬。

布谷鸟遍布挪威各地。它们吃甲虫、蜻蜓、蚱蜢和其他昆虫的幼虫，尤其是蝴蝶幼虫和毛茸茸的幼虫。

布谷鸟的特别之处在于它自己不筑巢，而是将卵产在其他鸟类的巢中，一个巢中下一个。因此，其他鸟类就得做布谷鸟雏鸟的"养父母"。一般来说，布谷鸟会选择在那些体形比自己小得多的鸟类的巢中产卵。这枚卵通常会在下午产出，也就是巢里的鸟儿不在鸟巢的时候，产后的雌布谷鸟还会在离开前移走一枚巢内原有的卵。

布谷鸟的雏鸟破壳以后，会将巢里的其他卵推出巢外，这样它就成了"养父母"唯一的孩子。

布谷鸟的特征主要是，雄鸟的叫声听起来像"咕咕，咕咕"。但挪威人一般不说这是布谷鸟在"唱歌"，而是说布谷鸟在"呼唤"。

牧牛人和公牛

（挪威民间故事）

　　一个年轻人出去找工作，最终在一个夏天找到了一份帮造物主干活的差事：每天照顾造物主的奶牛。这是一支很大的牛群，有很多奶牛和一头公牛。这个男人尽他所能看顾着牛群，很长一段时间里都很顺利。也正因为一直都很顺利，所以这个男人渐渐地有些放松了，但这真是不应该。有一天，不幸终于发生了，那头公牛意外死掉了，而这个男人没有来得及阻止悲剧的发生。男人非常害怕，不知道造物主会怎么斥责他，所以他把公牛拖进了一个草垛里，尽可能把它藏得好好的。

　　造物主来找公牛时，男人回答说，公牛可能掉下山了。于是，造物主吩咐他出去寻找公牛。男人走啊走啊，翻山越岭，最后他叹了口气："我要是只鸟就好了！"于是他立刻变成了一只布谷鸟，从那以后，他一直在飞来飞去地寻找丢失的公牛，但他只会呼喊"咕——咕"* 了。

---

* 挪威语里"牛"的发音和"咕"近似——译者注。

冠小嘴乌鸦

　　世界上大多数地方都有不同种类的冠小嘴乌鸦。冠小嘴乌鸦是灰色和黑色的，体长约五十厘米。它们和渡鸦有亲缘关系。在挪威，终年都可看见冠小嘴乌鸦的身影；挪威境内除了没有树木的高山，几乎任何地方都能找到它们。冠小嘴乌鸦会吃掉它们找到的大部分东西，例如昆虫、蚌类、蛙类、小型啮齿动物、鸟蛋、浆果和谷物等。

　　冠小嘴乌鸦找到伴侣后，可以一起生活二十多年。

　　它们用树枝、泥土和黏土筑巢。为了把巢垫得软和，它们还会使用羽毛、羽绒、毛发、破布、纸屑或其他能找到的垃圾。

　　有时它们会在第二年再次使用原来的巢，如果有陌生的鸟儿在里面产了卵，冠小嘴乌鸦会将这枚卵当成自己的，而不是把它吃掉。冠小嘴乌鸦会在每个繁殖期产下四五枚卵。雄鸟和雌鸟会共同筑巢，一起哺育雏鸟。冠小嘴乌鸦的声音很容易辨认，听起来像"呱——呱"的声音。

　　有的人很迷信，会把冠小嘴乌鸦视为一种不祥之兆。

狐狸和乌鸦

（改编自《伊索寓言》）

一只乌鸦停在一棵大树顶上，正享受一块奶酪。一只饥饿的狐狸鬼鬼祟（suì）祟地过来了。看到好吃的，狐狸直流口水。

"哎呀，你的羽毛多么美丽呀，闪闪发亮，"狐狸吹捧道，"你的爪子又尖又长，眼睛像宝石一样闪耀。"

乌鸦专注地听着，扑闪着翅膀显摆起来，因为这样的奉承它以前从未听过。

"可惜呀，这样一只美丽的鸟儿却不会唱歌。"狐狸继续说道。

这下乌鸦可受不了，它想用美妙的歌声来展示自己最好的一面。

"呱——呱！"它张嘴唱道。

就在它张开嘴的那一刻，嘴里的奶酪块掉了，直直落入了狐狸张开的大嘴中。狐狸一得到奶酪立刻跑进了森林，一路都在笑话那只容易受骗的乌鸦。

白骨顶鸡

　　白骨顶鸡在欧洲、亚洲和澳洲的大部分地区都可见到。它长得圆滚滚的，身材小巧，尾短脚大。白骨顶鸡体长三十六厘米至四十二厘米，重约七百克。喙白色，带有额甲，眼睛红色。雌鸟和雄鸟的外观几乎一样。

　　有一个方法可以用来辨认白骨顶鸡：它游泳时会有一些点头的动作。它通常栖息在水中或植被茂密的地方，经常潜水，一般是为了在水底寻找可吃的植物。那是它主要的食物。

　　白骨顶鸡的巢经常出现在水中的芦苇丛或水草丛中漂浮的"岛屿"上。

　　白骨顶鸡每个繁殖季节产五至十枚卵，双亲都参加孵卵，并为雏鸟喂食。白骨顶鸡的鸣声似蛙鸣般短促单调，但听起来又有点像小狗叫。白骨顶鸡是一种易于适应环境的鸟类，冬夏都可在公园池塘内见到，它们和绿头鸭、鹅一样，挺乐意吃人们喂的好吃的东西。

郊狼和白骨顶鸡

（印第安人神话）

很久很久以前，在时间尚未存在而大地还没有创造出来的时候，到处都只有水。

郊狼和其他动物住在高处的云层中。一天，郊狼对动物们说，它们都得潜入海底，把海底尽可能多的泥巴带上来。因为如果它们积攒了足够多的泥巴，就可以在水中造出它们可以行走的大地。许多动物试图潜下水去，但没有一个能潜到底。郊狼自己试的时候差点淹死了。后来有一天，它问白骨顶鸡能不能试着潜下去找泥巴。白骨顶鸡愿意试一试，于是它潜入了水中。

白骨顶鸡在水下潜了一整天，最后它浮上来时，带了足够多的泥巴来创造陆地和岛屿。

因此，所有飞禽走兽都从天上下来了，开始在地上定居。

鹡鸰(jī líng)

　　鹡鸰，挪威语里又称为摆尾鸟，是一种生活在欧洲和亚洲大部分地区以及北非部分地区的小型鸟类。它们有白色和黑色的羽毛以及上下摆动的长尾巴，因此很容易辨认。鹡鸰是一种小型候鸟，身长十六厘米至十九厘米，每年三四月来到挪威，九十月又向南方飞去。挪威各地都可见到鹡鸰。它们主要吃昆虫，所以人们经常可以见到它们穿过草坪、停车场或其他户外区域。它们在那些地方可以很容易地捕获猎物。鹡鸰发出的鸣声清亮像哨音，不断重复一个小节。鹡鸰的巢建在岩壁或类似地方的洞穴中，它每窝产卵四至七枚，卵灰白色，有暗色斑点。

带来幸福的鸟儿

（葡萄牙民间故事）

很久以前，残酷的希律王下令将所有的男童杀掉，于是马利亚骑着一头驴向埃及逃去，把她的小婴儿稳稳地抱在怀里。

马利亚非常害怕，不停地转身看看有没有人跟在后面。在尘土飞扬的道路上，驴蹄留下的痕迹非常明显，希律王的使者随时都可能循迹而来。

"哎呀，不妙啊！"马利亚看到驴蹄的痕迹时惊呼道，"我们的敌人会看到这些痕迹，然后他们就知道我们走的是哪条路了！"

这时，旁边一只鹡鸰经过。它听到了马利亚的话，就把它的尾巴像扇子一样张开，在尘土飞扬的道路上对着那些痕迹扫来扫去。

马利亚再次转身时，驴子身后的痕迹全不见了。她看见了那只小鸟，对它微微一笑："小鸟，因为你做的这件好事，你的尾巴将永远都在摆动，这将成为你的标志，使你总能被轻易认出，这样灾难来临时你就能永远幸免于难。"

从这天起，鹡鸰总是摆动着尾巴，而很多人都相信，被马利亚保佑的鸟儿将永远能带来幸福。

61

火鸡

　　火鸡生活在美洲北部和中部的森林中。它们的头部和颈部是无毛的，有肉瘤和下垂的肉瓣。雌鸟比雄鸟小，羽色也没有雄鸟那么鲜艳。它们是大型鸟类，翼翅展开可达两米，体重可达五千克。野生火鸡什么都吃，如坚果、浆果、谷物、昆虫、小蜥蜴和青蛙，甚至蛇，还有不同种类的草。它们也可能偷偷跑到花园里，偷吃鸟食台上的食物，或者把农民没有埋得足够深的种子给刨出来吃掉。火鸡不是一夫一妻制，为了繁殖更多的小鸡，雄鸟会与尽可能多的雌鸟交配。许多人认为火鸡的声音听起来是"咯咯"声，但也可以说是一种有点刺耳的"嘎嘎"声，跟一只愤怒的母鸡的叫声差不多。和家养火鸡不同，野生火鸡飞得又快又好。家养火鸡已经在欧洲生活了将近五百年，而在挪威，自十八世纪以来就有了家养火鸡。

为什么火鸡会咯咯叫

（印第安人传说）

松鸡有着最好的嗓音，所有飞禽走兽一块儿玩球时，松鸡的声音传得最远。玩球的时候，有一个好听的声音会让动物感到自豪，就像现在人类玩球的时候一样。

火鸡没有好嗓子，于是有一天它想请松鸡教它发音。松鸡很愿意教它，但作为报酬，松鸡想从它那儿得到一些漂亮的羽毛，用来给自己制作新衣裳。这就是为什么到了夏天，松鸡的羽衣会变成火鸡的颜色。

松鸡教火鸡学发音时，火鸡学得非常快。不久，松鸡觉得是时候让火鸡展示一下学到的本领了。

"现在你站在这棵空心的树干上，我以敲一下树干为信号，听到信号你就尽可能地高喊'哈啰——'！"于是火鸡几步就蹦上了树干，就像森林里的松鸡那样站着。它等啊，等啊，等得越久就越兴奋，越不耐烦。松鸡终于敲击树干时，火鸡太兴奋了，可涨红了脸就是喊不出来，最后喊出来的只有"咯咯，咯咯"。

这就是为什么每当火鸡听到声音时，都会兴奋地大叫"咯咯，咯咯"。

鹭 (lù)

　　除了在南极洲之外，鹭几乎遍布世界各地。在挪威，有一种鹭叫灰鹭，雄鸟和雌鸟看起来非常相似，通常是浅灰色，翅膀边沿带有黑色羽毛。这是一种大型鸟，长约一米，有一双长腿和相当长而窄的喙。鹭飞行时会缩起脖子，这是它们最易辨认的特点。那时它们看起来就像一只猛禽，展翅时动作稳重，而短尾和长腿还是能使它们被认出来。鹭鸟生活在水域附近，它们在那里可以吃到鱼、青蛙和其他生活在水边的小动物。鹭捕鱼时，会在水边静立几个小时等候猎物。鹭鸣唱的时候，声调深沉粗哑，嘎嘎作响。鹭是相当害羞的鸟类，通常在大树高处筑巢。它们甚至可能在悬崖峭壁上建起几乎一米宽的巢。它们的卵呈蓝绿色，由双亲共同孵化。

鹭的弯脖子是怎么来的

(马尔代夫传说)

从前，在美丽的马尔代夫的一座小岛上，一只鹭站在海滩上，一边看向大海一边拉屎。海浪冲上海滩，将鸟屎卷入了大海。

"嘿，大海！你干吗把我的屎带走？这是我的东西！"鹭喊道。大海对此感到有点惊讶，但还是耐心地回答它：

"鹭啊，我是带走了你的屎，但你会得到我的一道波浪作为报酬。"于是大海向海滩送去了一道巨浪。离鹭不远的地方，一群渔民正在准备驾船出海，而这道波浪助了他们一臂之力。鹭看到这一切就火了，对他们嚷嚷说，是他们占有了它的巨浪。渔民们吃惊地看着鹭，但还是许诺鹭会得到一条鱼作为感谢。然后，他们朝湿湿的沙滩上扔了一条大鱼，鹭就用它的嘴把鱼叼了起来。

一群年轻人在附近嬉戏玩耍，他们唱着歌，打着鼓，已经连续玩了几个小时，肚子挺饿的。

"看哪！"其中一个人喊道，"那只鹭有一条很棒的鱼，让我们拿过来做美味的鱼饼吧！"年轻人把鱼拿走了。鹭当然再次大声抱怨说，他们拿走的是它的鱼。年轻人朝鹭扔了一个鼓过去，想堵住它的嘴。鹭马上叼起鼓，飞到一棵树上，这样谁也拿不走它的鼓了。在最高的那根树枝的顶端，鹭开始玩起鼓来。鼓太好玩了，它都忘了自己在哪里，玩得越来越起劲，突然一失足，它从树上摔了下来。摔下来的时候，它摔断了脖子，从那以后，鹭的脖子就一直是弯的了。

喜鹊

喜鹊与乌鸦、渡鸦有亲缘关系，生活在欧洲、东亚和北非。

这是一种几乎碰到什么就吃什么的鸟，从残羹剩饭到其他鸟类的卵甚至雏鸟都吃。喜鹊的羽毛有黑色和白色，雄鸟的尾羽泛着蓝色光泽，体长可达四十五厘米。成对的喜鹊往往会一起生活一辈子。它们筑的巢很大，是用树枝搭起来的，通常建在高大的树上，有屋顶，侧面还有入口。雏鸟会在出壳后的三至四周离开鸟巢，这通常是在它们会飞之前。喜鹊的声音有点沙哑，像节奏很强的大笑声。

喜鹊是地球上最聪明的鸟类之一，实验表明它们可以在镜子里认出自己。在欧洲，有的传说认为喜鹊是由魔鬼创造的，还有的认为它们可以预测未来，是森林妖精的鸟儿。

喜鹊的窝
(英国民间故事)

从前某个时候，猪说话都跟唱歌似的，猴子会嚼烟草，而鸭子遍地嘎嘎叫。

一天，所有的鸟儿都跑来问喜鹊，可不可以教它们做窝，因为在这方面，喜鹊是最聪明的。于是喜鹊让所有鸟儿都围着它坐好，开始教大家怎么做。首先，它拿来了一些泥巴，用这些泥巴做了一个圆圆的蛋糕。"哦，原来是这样做的。"画眉说着，就飞走了，从此画眉就是这样做窝的。接着，喜鹊又拿了一些树枝，把它们放在泥巴蛋糕的周围。"哦，现在我知道了。"乌鸫说着飞走了，所以乌鸫到现在还是这么做窝的。

然后，喜鹊在树枝上又添了一层泥巴。"哦，显然就是这个样子的嘛。"聪明的猫头鹰说着飞走了。后来，喜鹊又拿来一些树枝，把它们堆砌在窝的外面。"哦，就是这样啊！"麻雀说着，也飞走了。最后，喜鹊拿了一些羽毛，铺在窝里。"这个适合我！"欧椋（liáng）鸟说着，也飞走了，所以欧椋鸟就是这样做窝的。接下来，每一只鸟儿都学了一点点，但谁也没有等到喜鹊把窝做完就飞走了。喜鹊继续工作，没有抬头，直到身边只有一只鸟了，那是斑鸠，但是它一点也没跟着学，只是像鸽子一样傻傻地喊："两咯，两咯！"喜鹊在放下最后一根树枝的时候听到了它的叫声，回答说："一根就够了……"但这蠢斑鸠继续叫着："两咯，两咯！"喜鹊很生气，又重复道："不！我说了，一根就够了！"最后它抬头一看，发现大家都不见了，只剩下了斑鸠。喜鹊大发雷霆，后来再也不肯教大家做窝了。这就是为什么现在所有的鸟儿做窝的方式都不一样。

夜莺

　　夜莺与画眉鸟有亲缘关系，在斯堪的纳维亚半岛南部、东欧以及东至西伯利亚西部都可见到。夜莺的腹部呈灰白色，背部和头部呈褐色，尾巴略带红色。它们最喜欢栖息在植被茂密而潮湿的森林边缘和花园里，最好是靠近湖泊池塘的地方。夜莺害羞，总喜欢把自己藏得严严实实。它们在地面上或低矮的灌木丛中筑巢，产的卵是绿色的。这种鸟在挪威相当罕见。夜莺的歌声被描述为自然界中最美丽的歌曲，最常在夜间听到，鸣声类似哨音，一阵阵连绵不断。因为它们喜欢在夜间鸣唱，所以"夜莺"这个名字已经叫了一千多年，在许多不同的民族语言里都有"夜莺"这个名字。实际上，如果是在城市附近生活，为了盖过周围的声音，夜莺歌唱的声音会更高。

农夫和夜莺

（改编自《伊索寓言》）

在凉爽的夏夜里，一个农夫每晚都躺在床上聆听夜莺的美妙歌声。他觉得这歌声太美了，于是决定总有一天要抓住那只鸟。

等他终于成功抓住夜莺后，他把夜莺放进了笼子里，说："现在你得永远唱歌给我听了。"但夜莺只是看着他，回答说："我们夜莺从来不在笼子里唱歌！"

农夫火了，生气地说："好，那我就吃了你！我听说面包里夹夜莺的肉非常可口！"

夜莺吓坏了，大喊："求你不要杀我！如果你放了我，我会告诉你三件事，那比吃掉我这个小小的身体要有用得多。"

农夫听了半信半疑，但还是放了夜莺，等着它告诉自己这三件事是什么。夜莺飞到树枝上，对农夫喊道："一是永远不要相信一个俘虏的话，二是把握住你已经拥有的东西，三是不要惋惜你所失去的东西！"

夜莺说完就飞走了，农夫再也没有听过那美妙的歌声。

鵟（kuáng）

　　鵟和鹰有亲缘关系，常生活在低地。鵟可见于欧洲和亚洲，欧洲的鵟冬季会迁至非洲越冬。鵟的羽毛带褐色调，胸部和腹部有浅色的色带。鵟的鸣声有点哀怨，音调是下降的。鵟喜欢生活在半森林半开阔田野的混合地带，最好是有耕地的地方。这就是为什么它们这么喜欢待在挪威南部。鵟体长约五十五厘米，重六百克至一千五百克。雌鸟的体重可达雄鸟的两倍。鵟很长寿，有记录显示一只带有脚环的鵟已经有二十五岁了。

　　鵟主要靠吃小型啮齿动物、蛇和蛙为生。鵟会用新鲜的树枝筑一个大巢，通常建在树上，但有时也会筑在岩壁上。雌鸟参与孵卵的时间比雄鸟长。雏鸟在可以飞行之前，会在巢中待六至七周。在挪威，鵟是受无条件保护的。

雕和鸢

（尼日利亚民间故事）

一天，一只鸢在飞行时径直撞到树上，受了伤。过了一会儿，一只雕飞过。"你在这儿干啥呢，你这没用的鸢？"雕鄙视地说道。

"我呀，"鸢回答道，"我在等着老天爷给我力量呢。"

雕看到一只鹌鹑静静地停在附近的树桩上，就对鸢说："我不需要老天爷的帮助，因为我靠吃东西就能获得力量！现在你看着，我怎么把那只鹌鹑给吃了！"

雕说完就朝鹌鹑俯冲过去，鹌鹑一看到雕就赶紧飞走了。雕撞到了树桩上，受了重伤。

鸢又飞到了雕那儿，坐在它旁边。"强大无敌的雕这是怎么了？"鸢问道，用爪子磨了磨喙。

"你想怎么样？"受伤的雕难堪地恨声问道。

"我啊，"鸢回答道，"我在等待老天爷的帮助，现在我已经得到了！"说完，它跳起来把雕吃了。

麻雀

麻雀是小型鸟类，有点胖乎乎的，羽毛褐色或灰色，有短短的尾巴和短而有力的喙。它们体长可达十一厘米至十八厘米。叫声"吱吱、啾啾"，很容易辨认，清楚地昭示着春天的到来！家麻雀实际上起源于欧洲和亚洲，但已经散布到或者说被引入了美洲、非洲和澳洲。这是一种在世界上大多数地方都能找到的鸟儿。

在挪威，有三种类型的麻雀，即家麻雀、黄鹂和树麻雀。麻雀的叫声轻盈而欢快。它们主要以种子为食，虽然它们也吃小型昆虫。麻雀是非常爱社交的鸟类，会在人居住的地方寻找食物。也许在户外咖啡馆，你的桌子边上就有那么几只？麻雀也会在人类活动区域内筑巢，比如屋檐下、阁楼上、墙洞中或谷仓里。

被剪掉舌头的麻雀

(日本民间故事)

从前，山里住着一对老夫妇。老爷爷心地善良，养着一只小麻雀，一直小心翼翼地照顾着。而老奶奶经常发脾气，动不动就发牢骚。

有一天，老奶奶洗衣服的时候，小麻雀把她准备浆衣服用的米浆啄着吃了。老奶奶很生气。她拿起一把剪刀，剪下了小麻雀的舌头，然后把它赶走了。老爷爷回家后发现小麻雀不见了，心急如焚，问老奶奶小麻雀去哪儿了。老奶奶说，因为小麻雀偷了她的米浆，所以她剪了它的舌头，把它放走了。老爷爷既生气又难过，但他更担心那只可怜的小麻雀，不知道它能去哪里。

于是他决定出去寻找小麻雀。他一边找一边大声喊着："小麻雀，小麻雀！你在哪儿啊？"

有一天，当他在山脚下寻找时，突然看到了小麻雀，他们都很高兴又见到了对方。小麻雀带老爷爷参观了它的家。小麻雀摆上最美味的菜肴，并对老爷爷说，他能分享它所拥有的一切。

老爷爷在小麻雀家待了好几天，像国王一样吃香的喝辣的，但最终他还是不得不回家去。小麻雀给了他两个装满珍宝的草篮，但老爷爷决定只带走最轻的那个，因为他年老体弱拿不动。于是，他们伤心地挥手道别。

老爷爷回家后，老奶奶大发雷霆，老爷爷不得不跟她解释他去了哪儿，并把带回家的篮子递给她。他们打开篮子一看惊呆了，因为篮子里装满了金银和宝石。老奶奶高兴坏了，她贪婪地对自己说："我也要去小麻雀家，我一定会得到一份很棒的礼物！"她向老爷爷询问了去麻雀家的路，然后就出发了。

当她找到被剪掉舌头的那只小麻雀的家时，就开始装模作样地讨好小麻雀："你好呀，麻雀先生，你这里真棒啊，我一直期待着再次见到你呢！"

小麻雀不得不请她进来，但是既没有用什么吃的东西招待她，也没有在她走时送什么篮子。不甘心的老奶奶厚颜无耻地问小麻雀，能不能给她一点来访的纪念品。小麻雀只好找出了两个篮子，一个重，一个轻。贪得无厌的老奶奶拿了那个最重的，把它拖回了家。

当她打开篮子时，妖魔鬼怪都跳出来围着她，折磨她。这个贪婪的老妇人就是这么死掉的，从此老爷爷一个人幸福地生活了下去。

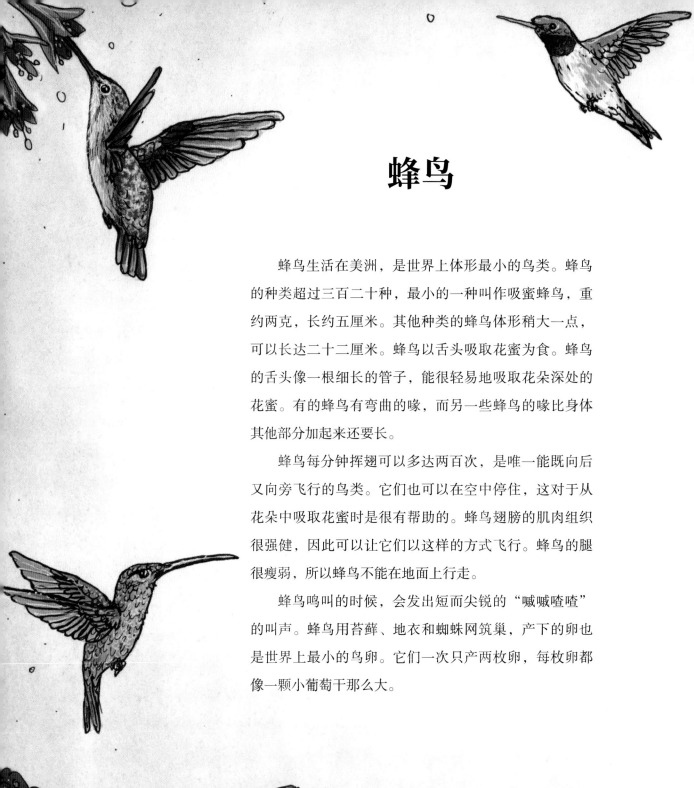

蜂鸟

　　蜂鸟生活在美洲，是世界上体形最小的鸟类。蜂鸟的种类超过三百二十种，最小的一种叫作吸蜜蜂鸟，重约两克，长约五厘米。其他种类的蜂鸟体形稍大一点，可以长达二十二厘米。蜂鸟以舌头吸取花蜜为食。蜂鸟的舌头像一根细长的管子，能很轻易地吸取花朵深处的花蜜。有的蜂鸟有弯曲的喙，而另一些蜂鸟的喙比身体其他部分加起来还要长。

　　蜂鸟每分钟挥翅可以多达两百次，是唯一能既向后又向旁飞行的鸟类。它们也可以在空中停住，这对于从花朵中吸取花蜜时是很有帮助的。蜂鸟翅膀的肌肉组织很强健，因此可以让它们以这样的方式飞行。蜂鸟的腿很瘦弱，所以蜂鸟不能在地面上行走。

　　蜂鸟鸣叫的时候，会发出短而尖锐的"喊喊喳喳"的叫声。蜂鸟用苔藓、地衣和蜘蛛网筑巢，产下的卵也是世界上最小的鸟卵。它们一次只产两枚卵，每枚卵都像一颗小葡萄干那么大。

送给蜂鸟的礼物

（印第安人神话）

蜂鸟小苏是由大神创造的一只具有非凡飞行能力的小鸟。它是鸟类王国中唯一能够向后飞行并在空中悬停的鸟。小蜂鸟外表灰暗无光，羽毛没有鲜艳而美丽的色彩，但小苏并不介意这个。无论如何，小蜂鸟为自己的飞行技术感到自豪，并过着幸福的生活。直到有一天，它要结婚了，才发现自己既没有首饰也没有婚纱来打扮自己。

蜂鸟对此感到有点伤心，它的好朋友们决定给它一个惊喜，让它在婚礼上能穿戴漂亮的衣饰。翔食雀阿亚的脖子上有一圈红色的羽毛，它决定用这些羽毛做成一条项链作为礼物送给蜂鸟。蓝鸲阿乔为蜂鸟的新娘礼服捐赠了几根美丽的蓝色羽毛，翠鸲阿兰给了绿色的羽毛，红衣主教鸟阿乌则给了一些红色的羽毛。

金黄鹂尤米是一位优秀的裁缝，它将这些羽毛缝在一起，做成了一件漂亮的礼服。蜘蛛阿列编织了一袭美丽的面纱，还帮着尤米在礼服上绣上了精美的图案。

不久，蜜蜂约克听说了婚礼的事，把这个消息告诉了所有的蜜蜂朋友。它们为婚礼宴会带来了蜂蜜和花蜜，还用数百朵蜂鸟最喜欢的花装饰了婚礼现场。阿扎尔树把它的树叶撒在将要举行结婚仪式的地面上，并愿意让这对新婚夫妇在它的枝条上度蜜月。其他的树为宴会提供了美味的成熟水果，这些水果散发着美妙的香味。最后，还来了一个大型的蝴蝶乐团负责跳舞和奏乐。

到了婚礼那天，蜂鸟小苏又惊讶又开心又感动，激动得结婚誓言差点念不成文。

蜂鸟谦逊而诚实的灵魂深深打动了大神，他派出燕子向小苏传递他的旨意，大神赠送的礼物就是蜂鸟将永远穿着它的婚纱。从那以后直到今天，蜂鸟还穿着那身衣服呢。

野鸡

野鸡实际上产于亚洲，但被作为狩猎物引入了欧洲和北美。挪威的第一只野鸡是于十九世纪七十年代被引入了拜鲁姆市。

野鸡可以长得相当大，体长近八十厘米，体重可达两千克。雄鸟通常比雌鸟更大，尾巴更长。它们的羽毛往往有美丽而鲜艳的色彩，尤其是它们的头部，是美丽的蓝色。它们下蛋孵小鸡时，只有雌鸟照顾雏鸟。野鸡主要吃种子，但有时也吃点虫子。每个繁殖期，野鸡可以下六至十八个蛋。野鸡的鸣声短而高，听起来有点像刮擦声或刹车声。

如果野鸡生活在人工饲养的环境中，也就是野鸡养殖场里，它们每年可以下更多的蛋。因为那些蛋都被拿走了，所以原本的孵蛋期也继续下蛋。

野鸡和砍柴人

（朝鲜民间故事）

从前，有个年轻人上山去砍柴。突然，两只野鸡飞到了他面前。

砍柴人走过去一看，原来是有一条蛇正要吃掉它们的蛋。他从地上捡起一根棍子，把蛇打死了，救下了野鸡的蛋。

十年后的一天，砍柴人在去一个偏远城市的路上迷路了。那天晚上，前路的黑暗中，他瞥（piē）见了一栋房子。他走过去敲了敲门。一个少女打开了门，请他进去，她很友善，并为他做了顿晚餐。

过了一会儿，砍柴人问少女家中是否就她一人。话音刚落，少女脸色一变，说道：

"十年前你杀了一条蛇，我就是那条蛇，现在我要为自己报仇！我要杀了你，再把你吃掉！"砍柴人吓坏了，求她饶命："你应该吃掉的是野鸡的蛋啊，行行好，饶我一命吧！"

少女犹豫片刻，然后说道："你可以为我做一件事，如果你办到了，我就饶了你。

山顶上有一座废弃的老庙。如果你坐在这儿能让那儿的钟响起来，我就放过你！"

砍柴人绝望了："这怎么办得到？这是不可能实现的啊！"

"那我只能杀了你！"少女大喊一声，变成了一条大蛇，向砍柴人扑来。突然，他们听到寺庙传来悠悠钟声，这时蛇又变回了少女。她说："既然你让钟响了，那么你肯定是受神护佑的人，我不能伤害你。"说完，她就消失了。

天亮后，砍柴人爬上了山顶，在庙里发现了两只死去的野鸡。它们的翅膀和脖子都断了，钟的一侧还有血迹。砍柴人顿时明白，是野鸡飞进了庙里撞钟而让钟发出响声的。它们牺牲了自己的生命才救下砍柴人，报答了他的恩德。

79

小嘲鸫

　　小嘲鸫和麻雀有亲缘关系，生活在北美洲和南美洲。它们非常擅长鸣唱，并且具有模仿其他鸟类鸣声的特殊能力。小嘲鸫终其一生可以学习多达两百首不同的曲调，还可以模仿昆虫和蜥蜴的叫声。它们最喜欢栖身于干燥的灌木丛和森林边缘。小嘲鸫吃水果和昆虫。雄鸟和雌鸟长相非常相似，都是褐色和灰色，有长长的尾巴。不过，只有雄鸟才会鸣唱。

　　小嘲鸫以非常聪明而闻名，事实证明，小嘲鸫可以认出人类来，特别是那些曾经威胁到它们领地或鸟巢的人。小嘲鸫对美国的文化产生了很大影响。它是美国五个州的州鸟，在许多歌曲和故事中都有它的身影。

小嘲鸫是如何成为最佳歌手的

（印第安人传说）

小嘲鸫来自一个非常贫穷的家庭，小时候，它只有一件丑陋肮脏的羽毛裙子。自打它从蛋里孵出来，就有一副好嗓子。它最大的愿望是上声乐课，但是家里太穷它上不起。幸运的是，它在富有的红衣主教鸟家中找到了一份女佣的工作。

有一年冬天，玛雅的鸟类王国来了一位非常有名的声乐教授，它的名字叫斯考，是一只嗓音甜美的拟椋鸟。红衣主教鸟先生马上想到，它的女儿应该去拜斯考为师，将来才能成为一名伟大的歌手。可是，它的女儿非常懒惰，讨厌声乐练习，但红衣主教鸟许诺女儿，如果它愿意去上斯考教授的声乐课，就能得到很多很棒的礼物。

声乐课在森林中一个安静的地方进行着。小嘲鸫跟着来了，在灌木丛中偷听并跟着学。下课后它就以最快的速度飞回去，干完它的家务活。几个星期以来，教授一直努力教红衣主教鸟小姐唱歌，但没有成功。最后，它终于意识到这些努力只是徒劳无功。斯考教授不敢跟红衣主教鸟先生说明此事，因为它早就收下红衣主教鸟先生的钱了。最后，它带着这个秘密飞走了，很快就忘了这整件事。

与此同时，小嘲鸫不停地练习。一天早上，红衣主教鸟小姐在唱歌时无意中听到了小嘲鸫的声音，这个女佣竟然有如此的歌唱天赋令它感到非常惊讶。就在这天，红衣主教鸟先生决定为女儿约上自己的朋友们，开一场小型演唱会，以展示女儿的才华。红衣主教鸟小姐当然吓坏了，因为它什么都不会唱，可它又不敢对父母这么说。于是它有了一个主意，并向小嘲鸫求助。两只鸟儿找到啄木鸟，求它在一个大木箱上啄一个洞，小嘲鸫就可以躲在木箱里唱歌，这样观众就会以为唱歌的是红衣主教鸟小姐。

演唱会那天到了，红衣主教鸟先生的朋友们全来了，它们都是艺术家、音乐家和歌手，聚集到红衣主教鸟先生为演唱会选作场地的一棵树周围。

红衣主教鸟小姐先向观众鞠躬，接着张开嘴巴，然后观众们就听到了整个鸟类王国里最美妙的声音。观众们反响热烈，兴奋地用翅膀鼓掌。

然而，红衣主教鸟先生没有鼓掌，因为它在演唱会前看到小嘲鸫爬进了大木箱。于是它飞过去打开了木箱，并对观众说出了真相——真正拥有美妙嗓音的是这个害羞的小女佣。于是，小嘲鸫赢得了所有鸟儿的心。从那天起，所有的小嘲鸫都歌声优美，而红衣主教鸟从来就没有学会如何好好地唱歌。

渡鸦

  渡鸦是欧洲体形最大的鸦科鸟类，生活在北半球的大部分地区。渡鸦通体黝黑发亮，是个飞行大师：它们可以在空中捉弄大雕而不落下风。但在地面上，它们往往只能将食物让给金雕或白尾海雕。渡鸦是食腐鸟类，也就是说它们以动物尸体为食。人们经常会看到许多渡鸦（和乌鸦）聚集在尸体周围，不一会儿就把尸体吃得干干净净。渡鸦饿了的时候，几乎什么东西都吃，从昆虫到旅鼠、青蛙都可列入食谱，也可能会洗劫其他鸟类的巢穴。渡鸦的鸣声是一种深沉的、尖锐刺耳的"呱呱"声。

  渡鸦和其他鸦科鸟类被认为是非常聪明的，它们很容易听懂人类的话，学东西也很快。渡鸦的寿命可以长达五十年。成对的渡鸦一辈子都在一起。渡鸦用树枝、草和苔藓筑的巢会年复一年地使用，而且渡鸦通常会在旧巢上筑新巢，因此它的巢会一年比一年大。渡鸦是维京人的象征，或许你曾听说过维京人神话中的主神奥丁有两只叫作胡金和穆宁的渡鸦吧？

渡鸦救猎人的故事

（藏族民间故事）

　　从前，有一个非常贫穷的人，靠打猎为生。他的家里几乎没什么东西可吃，也没什么衣服可穿。有一天他出去打猎，翻山越岭，最后来到了一座山顶。一整天没吃没喝的他感到又累又渴。他静静地站了一会儿，向远处看去。远远的山谷里流淌着一条美丽的河流，他决定到那儿去，可以喝点冰凉的河水。在下山的路上，他用树叶做了一个杯子。

　　正当他将这个树叶杯子放入水中盛水时，一只黑色的渡鸦用大翅膀猛地拍打了他的手，把杯子打掉了。猎人起初以为这是一次意外，就把杯子捡起来准备再次舀水，没想到渡鸦又把杯子从他的手中打掉了。于是猎人大怒，用弓箭射杀了渡鸦。

　　渡鸦死后，猎人突然想到，鸟儿不让他喝水可能是有原因的。他决定看看那水是从哪里来的，就沿着河流向上游走去。当他走到河流尽头时，看到水是从一条巨蟒的口中流出来的。河岸两边是成堆的骨架，那都是喝过水的飞禽走兽死后遗留的。现在猎人明白了，是渡鸦救了他的命。

家燕

　　家燕生活在北非至整个欧洲，以及亚洲和北美的大部分地区。家燕体长在十六厘米至二十二厘米之间，叫声短促，"叽叽喳喳"的声音有点像笑声，最后是一段持续的连音。家燕不同于其他斯堪的纳维亚的燕科鸟类，它的前额和喉部是红色的。所有的燕科鸟类都很容易由"V"字形尾部而辨认出来。家燕是飞行能手，但它在地上行动时很笨拙，因为腿短，所以时常得靠翅膀来帮助保持平衡。

　　家燕以蚊子、蜉蝣、蝴蝶和飞蚁等飞虫为食。因为家燕是在空中捕捉猎物，所以人们常说燕子飞得很低的时候会下雨。其实那是家燕在追捕虫子，空气湿度大的时候虫子就飞得低，家燕自然也就跟着飞得低。家燕喜在谷仓的梁上或屋檐下筑巢。筑巢的材料是泥浆和稻草，这些材料被混在一起黏合成坚硬的块状物，然后家燕再制成小碗状的巢。家燕每年夏天繁殖两窝，卵白色，有褐色的斑点。

马利亚和燕子
（欧洲民间故事）

从前，一个美丽的夏日，马利亚坐在绿草地上缝制衣服。她把金色的剪刀和红色的丝线团放在身旁，但当她伸手去拿时，却发现它们不见了。她找了又找，询问了所有的树木和所有的动物，包括鸟和鱼，问它们是不是有谁拿走了线团和剪刀。但它们都回答没有，它们既没有看见过也没有碰过这两样东西。这时，燕子飞过，在那儿唱着：

少男少女啊，
少男少女去采果，
红的黄的，采了一大箩。
我坐那儿看哟，坐那儿看！

"就是你拿了剪刀和线团！"马利亚说，"因为再没有谁跟你一样四下乱跑，高也飞，低也飞，屋子外边，云朵下边，还有绿色的草地上！"

"马利亚怪罪我，说我拿了剪刀和线团。"燕子说，"是我拿的吗，是我拿的吗？这不是真的，不是真的！如果这是真的，我就沉到海里去！是谁拿走的，就让线团缠在它胸上，剪刀插在屁股上！"

"既然你都说了如何惩罚，"马利亚说，"那就如你说，你会得到那样的下场。线团和剪刀你都得带着，作为你的标记。你又撒谎又偷东西，所以你只能在屋檐底下筑巢，永远也不能在树枝上筑巢。"

从那天起，燕子就带着脖子上的"红线团"和尾巴上的"剪刀"飞来飞去了。

鹰

  鹰是一种在世界各地都能见到的猛禽，约有两百四十种。它们通常羽毛褐色，有白色的斑点，翅羽边缘呈锯齿状。根据种类的不同，体形最大的鹰的体长可达六十四厘米，体重可达一千七百克。鹰和雕一样，也有标志性的猛禽喙。从平原到山区，鹰都能生活得很好。鹰是非常棒的飞行能手，经常在空中盘旋。它们的翅膀宽广，双腿有力，爪子锋利适合捉捕猎物。鹰的视力非常好，事实上，它们的视力比人类强好几倍，还能感知紫外线下的颜色。因此，它们是非常好的猎手，能从很远的地方看到它们的猎物。它们吃小动物，如蛇、蜥蜴、啮齿动物、鱼和小鸟。鹰的叫声是有点沙哑的号叫。

  在大多数鹰科鸟类中，雌鸟比雄鸟大得多。雌鸟每年大约产四枚卵，雌鸟和雄鸟都会参与孵卵。鹰被认为是最聪明的鸟类之一。

为什么老鹰会捉小鸡
（尼日利亚传说）

　　从前，一只可爱的小母鸡和它的父母住在森林里。一天清晨，一只老鹰在它们上方飞过。老鹰在空中盘旋，随风飞翔，眼睛睁得大大的，把地面的一切都看在了眼里（没有任何东西可以逃脱老鹰的眼睛，无论那东西有多么小）。老鹰看到了美丽的小母鸡站在家门外吃粮食。它把翅膀收起来，一眨眼就落到了小母鸡身旁的篱笆上。

　　它吹了声口哨跟小母鸡打了下招呼，问它愿不愿意嫁给它。小母鸡回答说愿意。于是，它们去找小母鸡的父母。小母鸡的父母也同意，但提出一个条件：老鹰得先给它们几袋粮食才可以和小母鸡结婚。老鹰照办了，第二天它就带着小母鸡回家了。

　　过了一段时间，来了一只年轻的公鸡，站在老鹰和母鸡的窗外，扯开嗓子唱出最美丽的啼鸣。这只公鸡原来就住在小母鸡父母家附近，一直暗恋着小母鸡。当小母鸡听到公鸡那美妙的声音，忍不住想要和它在一起，于是又和公鸡一起回到了父母身边。

　　老鹰正在高空中盘旋，看到了发生的一切，嫉妒得发狂。它大发雷霆，飞到国王那里讲述了它的遭遇，要求国王主持公道。国王很同情老鹰，就给小母鸡的父母传信说，它们必须将老鹰所给的粮食都还回去。

　　可是这对可怜的父母太穷了，没法还上粮食。于是国王下令，允许老鹰把小母鸡的小鸡仔们杀了吃掉，以作补偿。于是从那天起，每当老鹰看到一只小鸡，就会俯冲下去把小鸡捉走，作为失去小母鸡的补偿。

隼（sǔn）

  隼是一种几乎在世界各地都能见到的猛禽，有数十个不同的种类。隼的羽毛褐色，带白色斑点，拥有猛禽喙和锯齿状的翅羽边缘。它们的翅膀长而尖，使得它们飞行迅猛。隼的体长可达六十厘米，体重可近一千五百克。它们的体形一般比鹰要小一些。游隼是世界上飞行速度最快的动物，当它们俯冲下来捕捉猎物时，速度可以达到每小时三百千米。隼吃小型哺乳动物、鸟类、蜥蜴、蛇、鱼和昆虫。挪威的隼大部分都是候鸟。雌鸟通常比雄鸟大得多。

  隼从不自己筑巢，而是把二至七枚红褐色的卵产在悬崖上或者其他猛禽、乌鸦或渡鸦的旧巢里，通常这些巢是在树上的。隼的鸣声是一阵阵起伏不断、快速有力的"咕咕"声。

  自古以来，隼就被人们训练来打猎。自一九七一年以来，隼在挪威受到了无条件保护。

隼和雁

（印第安人民间故事）

当冬天的寒风开始吹来，寒潮一浪高过一浪，雁先生和它的妻子把孩子们聚到了北方的湖岸边。"老婆！"雁先生对妻子说，"是时候把孩子们带去温暖的地方了！"

第二天一早，它们就开始了长途旅行，在空中排成"人"字飞行。它们在大草原和大森林的上空整整飞了一天，直到晚上看到身下的大湖波光粼粼，于是决定要在这里休息一段时间。它们排成一个半圆，盘旋着向下越飞越低。突然，雁妈妈听到身旁传来"嘶嘶"声，立即高声喊道："有危险！有危险！"原来是一只隼疾飞而下，吓得雁宝宝们四散而逃。隼和雁爸爸在空中打斗起来，所有的雁都在那儿尖叫助威。一时间，空中满是像雪片一样飘飞的白色羽毛，幸好雁爸爸长得又大又壮，虽然一身伤，但斗得隼折断了翅膀，掉进湖里。断了翅膀的隼只得在湖边待了一整个冬天，靠吃地上的老鼠和其他东西过活。这个冬天对隼来说实在艰难，而大雁们则安全地飞到了更温暖的地方。

随着春天到来，隼的翅膀养好了，而雁正在飞回北方的路上。隼在地面盯着天空中的雁群，很想再次发动攻击，但害怕翅膀会再次折断。

这时它听到了雁爸爸的声音：

"孩子们，这儿就是你们的爸爸被一只恶隼袭击的地方，可你们的爸爸又能干又聪明，最后还是凯旋，而那只恶隼的翅膀却折断了！"雁爸爸骄傲地显摆起来。隼听到雁这么说，它的斗志又回来了，于是冲向雁群，大喊道：

"嘿！我还在这儿呢！"

大雁们嘎嘎乱叫，四散飞逃，隼用它秋天折断的那只翅膀一下子击中了雁爸爸，刚还在吹嘘的雁爸爸就这么完蛋了。

火烈鸟

火烈鸟分布在亚洲、非洲和美洲的温暖地区。不同种类的火烈鸟，羽毛都带有或深或浅的粉红色，这是由于它们吃的水里的藻类和其他小生物含有类胡萝卜素造成的。火烈鸟结群生活在盐湖或环礁咸水湖的沿岸泥滩上。火烈鸟体形很大，高约九十厘米至一百四十厘米，它们的喙是弯曲的，这样的构造使得喙可以过滤水，而留下水中的昆虫和藻类。火烈鸟的巢建在水中，是紧挨在一起的一个个圆锥形的小土墩。每个繁殖季节，火烈鸟只产一枚青白色的卵。雌鸟和雄鸟都会给雏鸟喂食，有时会喂养六年。火烈鸟的寿命可达四十岁。火烈鸟鸣叫的声音很大，类似鸭子叫声和海鸥叫声的混合。火烈鸟经常单腿站立，以保存身体的热量。因为它在水中的时间很长，如果两条腿都站在水里，很快就会感到冷。

在古罗马，火烈鸟被视为一种美味佳肴，而在古代秘鲁，火烈鸟则为印第安人所崇拜。

火烈鸟的长筒袜

（据乌拉圭作家奥拉西奥·基罗加的短篇故事改编）

　　森林里的动物们将要举办一场盛大的舞会，大家都在等待这一刻的到来。它们都有新的礼服或裙子，除了火烈鸟。那个时候它们全身是白色的，什么也没穿。因此，它们觉得自己这个样子又丑陋又可笑，然而它们一直没有找到自己喜欢的衣服。最后，它们完全绝望了，于是去了猫头鹰的家里。猫头鹰是森林里最好的裁缝，它立即为火烈鸟设计了一条黑白条纹的裤子。这是这些大鸟穿过的最漂亮的裤子。现在它们终于可以去参加舞会了。舞会这一天到来的时候，大家都很开心和高兴，但珊瑚蛇不喜欢火烈鸟的新裤子，因为那其实是蛇皮做的。因此，火烈鸟刚一上岸，珊瑚蛇就朝火烈鸟扑过去，咬住了它们的腿。火烈鸟疼得大喊大叫，冲到水里，想让又红又痛的双腿凉下来。从那以后，火烈鸟再也不敢上岸了，而且被蛇咬了之后，它们火辣辣的双腿和身体直到现在都还是粉红色的。

有关故事的说明

什么是民间故事？

民间故事是我们所知的古老文学的一种。最早的民间故事在书籍出现之前就已存在很长时间了，而且我们经常可以从听到的故事中发现，这些故事带有浓重的口头叙述风格，有许多的重复和固定的体裁特征。许多民间故事都是以"从前……"开头，并且暗藏了数字3、7、9或12，这些特征有助于故事的讲述者记住民间故事的进展和细节。这些民间故事富有幻想色彩，往往讲的是超自然的事物，而且是世代口口相传保留下来的。

什么是神话？

神话是一个概念，用于描述不同文化中的历史故事、民俗故事、神的故事或传说、传奇故事。这些都是我们人类编撰出来的故事，但也很可能是以真实事件为基础的再创作。神话一开始只是口头故事，后来才被记录下来。这些故事因为是口口相传，所以随着时间的推移而发生了变化。地球上的各个民族都或多或少拥有自己的神话，用以解释世界和人类之间的关系。神话里通常都有超自然的存在，如神或半神。

什么是传说？

传说是那些看起来像是真实故事的故事。一个故事要能称为传说，必须是众所周知的，而且必须是流传已久的故事。

什么是寓言？

寓言是一种让我们懂得某种道理的短篇故事。在寓言故事中，动物、植物和没有生命的东西可以像人类一样说话和做事。创作寓言故事的人中最著名的是伊索，传说他是生活在公元前约五百年的一个古希腊奴隶。

什么是传奇？

带有传奇色彩又流传甚广的故事，可能有关某些英雄，也可能涉及某段历史，故事情节通常较曲折。